LA NAISSANCE
DES ÉLÉMENTS

Sylvie VAUCLAIR

LA NAISSANCE DES ÉLÉMENTS

Du Big Bang à la Terre

À l'avenir

Prologue

« Vous, astrophysiciens, nous dites que nous sommes tous pareils : je ne peux pas croire cela », m'a dit récemment un auditeur au cours d'un débat « grand public » auquel je participais. Ne comprenant pas la motivation de son affirmation, j'ai voulu en savoir plus : « Oui, me dit-il, vous dites que nous sommes tous des poussières d'étoiles, formés des mêmes éléments. » J'ai donc expliqué à cet auditeur qu'il ne connaissait qu'une partie de l'histoire : nous sommes faits des mêmes éléments, ceux qui constituent aussi la Terre, le Ciel, l'Univers, la table et le micro dans lequel je parle. Oui, ces éléments ont été formés pour la plupart dans les étoiles qui ont existé avant la naissance du Soleil et de la Terre, et cette histoire est fascinante. C'est celle de l'Univers qui nous entoure et dont nous sommes issus : une histoire qui nous dépasse de loin mais que nous sommes capables de reconstituer par bribes, de plus en plus précisément.

Mais nous sommes immensément plus riches et plus complexes qu'un simple assemblage d'éléments chimiques, et cette complexité entraîne que nous sommes tous différents les uns des autres. S'il est vrai que nous sommes constitués de « poussières d'étoiles », celles-ci se sont organisées et structurées entre elles d'une manière extraordinaire, comme des notes sur une magnifique partition de musique. Cependant, alors que l'œuvre musicale ne s'expliquerait pas sans le compositeur, l'élaboration des structures de plus en plus complexes dans l'Univers s'explique, au moins en grande partie, d'une manière naturelle. C'est l'œuvre des « interactions fondamentales » (gravitation, électromagnétisme, interactions nucléaires faible et forte), qui lient entre elles les particules élémentaires et permettent l'élaboration des objets tels que nous les connaissons. Il est vrai que les hommes et les étoiles sont faits de la même matière, mais le plus petit de tous les hommes est infiniment plus complexe et organisé que la plus énorme de toutes les étoiles !

Il y a longtemps, le monde était supposé formé de quatre éléments : l'Air, la Terre, l'Eau, le Feu. Cette distinction est restée dans le langage courant, lorsqu'on exprime avec frayeur, comme prélude aux grandes catastrophes, que « les éléments sont déchaînés » ! Dans la réalité, les quatre éléments de l'Antiquité ne sont pas simples comme on le croyait à l'époque. Ils sont eux-mêmes constitués de structures très différentes les unes des autres. L'Air et la Terre comprennent chacun un grand nombre d'éléments chimiques rassemblés en molécules. L'Eau n'est qu'une manifestation particulière d'un ensemble de molécules toutes semblables, formées de deux éléments chimiques, l'hydrogène et l'oxygène : aux températures moyennes de l'atmosphère terrestre, ces molécules ont la propriété de former un liquide indispensable à la vie. Quant au Feu, ce n'est pas un objet, mais une transformation (la combustion chimique).

La naissance des éléments dans l'Univers et les interactions fondamentales sont indissociables. Ce livre raconte l'histoire de cette naissance : d'où vient le calcium dont nous avons besoin pour la solidité du squelette, le magnésium que nous avalons lorsque nous sommes fatigués, le phosphore qui soutient les activités cérébrales ou le lithium que certains malades utilisent en psychiatrie... Nous verrons que, si le magnésium a été fabriqué dans des étoiles très grosses qui ont explosé avant la naissance du Soleil, une grande partie du lithium vient directement du Big Bang. Il en va de même de l'hélium, mais en revanche le carbone, charnière des molécules du vivant, est né dans les étoiles, comme l'oxygène nécessaire à la respiration ainsi que l'azote, constituant principal de l'atmosphère terrestre.

Quatorze milliards d'années ont été nécessaires à l'Univers pour fabriquer, lentement mais sûrement, les éléments chimiques de base qui constituent notre monde actuel, dans toute sa diversité. Sur la Terre, sans que nous sachions exactement comment cela a pu se produire, l'organisation de plus en plus complexe de ces éléments entre eux a finalement conduit à la vie, elle-même fabuleusement diversifiée en toutes ces espèces végétales et animales qui constituent notre environnement naturel.

Il semble malheureusement que l'homme, en raison de son évolution technologique et de sa volonté permanente de pouvoir, soit en train de détruire d'une manière visible et rapide une partie de ce que l'Univers puis la Terre elle-même ont mis tant de milliards d'années à construire. De nombreux chercheurs scientifiques, et tout particulièrement les astrophysiciens, conscients par leurs recherches de la valeur extraordinaire de cette diversité naturelle, s'inquiètent vivement de cette dégradation et essaient d'agir pour l'enrayer pendant qu'il en est encore temps. Une grande partie de cette action passe par l'éducation. Gardons bien conscience de la richesse du monde dont nous avons hérité et du temps qu'il a fallu pour le constituer, et essayons de le préserver dans toute sa beauté pour l'avenir de nos enfants !

CHAPITRE 1

Les alchimistes
des temps modernes

Lorsque l'enfant paraît [...]
Le cercle de famille s'agrandit à grands cris.
Victor HUGO[1]

Notre petite-fille vient de naître. Elle change à vue d'œil. Elle grandit, mais surtout son regard devient de plus en plus perçant. Elle réagit aux sollicitations environnantes, les assimile. Elle sourit. Que se passe-t-il dans ce petit cerveau déjà si observateur ? Comment se construit la conscience de l'individu, qui le conduit à réfléchir sur lui-même et son environnement, sur ses origines et sur sa fin inéluctable ?

Le besoin profond de l'humanité d'étudier son environnement et de l'analyser pour mieux appréhender les origines

____

1. À Manon.

et le sens de son existence représente l'un des éléments fondateurs de la dignité humaine. Dès sa naissance, le petit enfant a besoin de découvrir le monde dans lequel il vit et de se situer par rapport à lui. Il commence par toucher, goûter, sentir ce qui se trouve dans son berceau. En même temps il écoute et regarde attentivement ce qui se passe autour de lui. Dès qu'il le peut, il se met à la recherche de tous les objets accessibles pour les observer de près. C'est sa manière d'analyser le monde. Si on lui refuse cette possibilité, il cesse de s'épanouir. Le petit enfant d'homme est scientifique par nature.

L'humanité tout entière ressemble à ce petit enfant, lorsqu'il commence à quitter son berceau. Bien au-delà de son proche environnement, à des échelles qui le dépassent de loin, l'homme analyse les rayonnements célestes pour mieux comprendre la structure et l'évolution de l'Univers ; avec le même enthousiasme il plonge jusqu'au plus profond de la matière pour en décrypter les structures fondamentales. Même lorsqu'elles le souhaitent, les sociétés sont incapables d'arrêter ce grand élan de l'humanité vers la connaissance et la recherche de ses propres racines. Galilée s'est rétracté lors de son procès en 1610 : peu importe ! Ses disciples ont continué son œuvre de plus belle...

L'évolution de la conscience humaine ne suit pas toujours d'assez près l'élaboration des connaissances scientifiques. On considère qu'un enfant atteint l'âge de raison lorsqu'il commence à prendre du recul par rapport à lui-même et à se reconnaître en tant qu'individu responsable dans la société, dans un esprit d'ouverture aux autres et de tolérance. C'est à l'humanité tout entière de prendre conscience de ses responsabilités et de se forger son identité planétaire au sein de l'Univers immense dont elle est issue. Elle est encore si jeune! Quelques millions d'années tout au plus, comparés aux quatre milliards cinq cents millions d'années du Soleil et de la Terre et aux quatorze milliards d'années de l'Univers dans son ensemble !

Conscience humaine

Je n'entrerai pas ici dans la discussion de l'élaboration de la conscience humaine, ni même de la vie. Cela dépasse mes compétences et je me contente de m'émerveiller de la richesse de notre monde, si beau malgré les orientations parfois désastreuses de nos sociétés contemporaines, qui ne cessent de s'entredéchirer. À la suite d'une de mes conférences, un auditeur m'a fortement interpelée par la question suivante : « En quoi cet immense progrès de la connaissance de l'Univers depuis une cinquantaine d'années a-t-il changé notre façon de vivre ? Le fait de savoir qu'il y a eu ou pas un "Big Bang", que le carbone dont nous sommes constitués provient de la désintégration d'étoiles il y a plusieurs milliards d'années, en quoi est-ce que cela a changé quelque chose ? Savoir qu'il y a des milliards de galaxies, composées de centaines de milliards d'étoiles, devrait nous amener à une certaine modestie quant à ce que nous sommes. Mais quand nous voyons ce qui se passe en ce moment, que nous sommes prêts à nous étriper pour des différences de cultures, de croyances, de religions, nous ne pouvons que constater que ce savoir n'a pas marqué du tout la conscience planétaire. Alors, qu'est-ce que cela a changé ? »

En réalité, la majorité des êtres humains vivant sur la Terre n'ont aucune idée de l'élaboration des connaissances scientifiques à propos de nos origines et des origines du monde. Dans nos sociétés contemporaines, le savoir reste cantonné à une minorité d'initiés. « Il est clair que la force de l'être humain, aussi misérable soit-il, c'est d'être indissoluble-ment lié à l'Univers, donc à l'infini. Mais son enfer, sur cette Terre, c'est de ne pas le savoir[1]... » Il est vrai que le manque d'éducation des populations pauvres de la planète ouvre la porte à tous les fanatismes. Mais il est aussi extrêmement inquiétant de constater que les « grands » politiciens, ceux qui décident de l'avenir du monde, ont généralement des idées très succinctes et imparfaites, souvent fausses, sur les connaissances contemporaines et leur évolution. Ils gèrent une réflexion à court terme, le temps d'un mandat électoral, établie sur des bases vacillantes qui ne reposent pas sur les fondements de la connaissance. Comment s'étonner alors des bavures occasionnées par des décisions mal étayées ?

La démarche scientifique ne permet pas de tout expli-quer dans le monde, ni de tout prévoir. Elle ne le permettra sans doute jamais. Elle laisse à chaque instant la place à tou-tes les démarches métaphysiques et religieuses que chacun peut souhaiter développer. Mais si la science a des limites, qui reculent au cours du temps grâce aux découvertes et aux études menées par les « savants », ses résultats doivent être pris en considération. Ils permettent de situer la conscience du soi par rapport à la connaissance du monde réel. Il est clair, par exemple, que la parole de la Genèse selon laquelle Dieu créa le monde en sept jours est un symbole, de même

---

1. Pierre Murat, *Télérama*, n° 2436, septembre 1996, déjà cité dans *La Sympho-nie des étoiles*.

que le couple Adam et Ève. La connaissance scientifique de l'évolution du monde et de la naissance de l'humanité sur la Terre ne détruit pas pour autant la relation des chrétiens avec Dieu. Malheureusement les adeptes de certaines religions ou sectes religieuses prennent encore cette parole de la Genèse pour la réalité. Ils identifient la spiritualité avec l'image que les hommes s'en font sur le moment. Cette image change avec l'évolution des connaissances, alors que la spiritualité reste dans son essence fondamentale. Mais pour ces fanatiques, la forme l'emporte sur le fond et ils sont prêts à détruire le monde pour cela.

Il me semble difficile qu'une personne scientifiquement éduquée puisse se cantonner dans quelque fanatisme que ce soit. Parmi les chercheurs scientifiques de haut niveau se retrouvent des membres de toutes les religions et philosophies existantes, ainsi que des athées et des agnostiques. Mais ils ne se déchirent pas entre eux pour leurs convictions car ils présentent une grande largeur de vues par rapport à la compréhension de l'Univers, qui les conduit à la tolérance.

Humilité

La découverte principale du chercheur scientifique, au cours de sa carrière, est sans doute la prise de conscience de l'immensité de son ignorance. Cela ne vient pas immédiatement : au début on se croit très fort et riche de toutes les connaissances du monde. Mais l'humilité fait son chemin et réussit souvent (pas toujours !) à prendre la place de l'orgueil. Le scientifique explore le monde, comprend beaucoup de choses, en ignore encore beaucoup plus. Un chercheur qui se respecte doit être capable de dire « je ne sais pas ».

Mais tout, dans la vie, est affaire d'équilibre entre des contraires, et il en va de même du scientifique : au moment où il prend conscience de son ignorance, il devient en même temps capable d'affirmer et d'expliquer ce qu'il sait. Car il est aussi un « savant », qui a le devoir de faire partager son savoir aux autres êtres humains.

Je ne sais pas comment la vie est arrivée sur la Terre. Sur ce point, je ne peux que transmettre et discuter ce que mes collègues biologistes ont pu découvrir. En revanche, ce que je connais et peux expliquer, c'est la formation dans l'Univers des « briques » de base qui constituent la matière qui nous entoure et dont nous sommes faits : celles qui étaient, entre autres, nécessaires à l'élaboration de la vie. Sans hydrogène, carbone, azote, oxygène et autres éléments, il n'y aurait pas eu de construction d'acides aminés ni de protéines, pas d'ARN[1] ni d'ADN[2], donc pas de vie. Et pour en arriver à ce point, l'Univers avait besoin de quatorze milliards d'années !

Molécules de vie

Selon les spécialistes, la vie est apparue sur Terre il y a 3,8 milliards d'années[3]. Les molécules organiques de base

---

1. Acide ribonucléique.
2. Acide désoxyribonucléique.
3. Voir Marie-Christine Maurel, *La Naissance de la vie*, Dunod, 2003 ; André Brack, *La Vie est-elle universelle ?*, EDPSciences, 2003, *Et la matière devint vivante...*, Le Pommier, 2004.

devaient déjà exister en abondance, en particulier les acides aminés, formés eux-mêmes d'un assemblage particulier d'éléments chimiques simples. Dans le processus encore mystérieux du passage au vivant, ces molécules organiques de base se sont assemblées pour finalement conduire aux molécules de la vie : hydrates carbonés (sucres), lipides (graisses), protéines (formées d'un grand nombre d'acides aminés différents) et acides nucléiques, chacun formé d'alternances régulières de motifs « bases azotées – sucres – phosphates ».

Tous ces composants ont pu être synthétisés en laboratoire dès 1953 grâce à l'expérience très connue de Stanley Miller[1] : le passage d'une décharge électrique dans un mélange représentatif de l'atmosphère terrestre primitive (hydrogène, méthane, ammoniac, eau) peut conduire à la formation d'un grand nombre d'acides aminés différents. De tels événements ont aisément pu se produire au cours de décharges orageuses dans les tout débuts de l'existence de notre planète.

Des centaines de molécules organiques très complexes sont aussi observées dans l'espace, dans les grandes nébuleuses gazeuses de notre Galaxie, ainsi que dans les météorites de notre système solaire... Leur existence prouve que l'assemblage d'éléments de base en molécules prébiotiques[2] peut se faire de manière naturelle.

---

1. Stanley Miller, chimiste à l'Université de Chicago, réalisa cette expérience en 1953 dans le cadre de sa thèse de doctorat, sous la direction du professeur Harold Urey. Dans une sorte de grosse éprouvette, de l'eau simulant l'océan était surmontée d'un mélange gazeux représentant l'atmosphère primitive de la Terre (essentiellement les premiers éléments : hydrogène, carbone, azote, oxygène, l'hélium étant inutile car inerte, c'est-à-dire ne subissant pas de réactions chimiques à ce niveau). Ce mélange, soumis à une source d'énergie (étincelle électrique, source radioactive), produit des acides aminés en grand nombre.
2. Molécules organiques complexes, comme les acides aminés ou les protéines, briques de base du vivant.

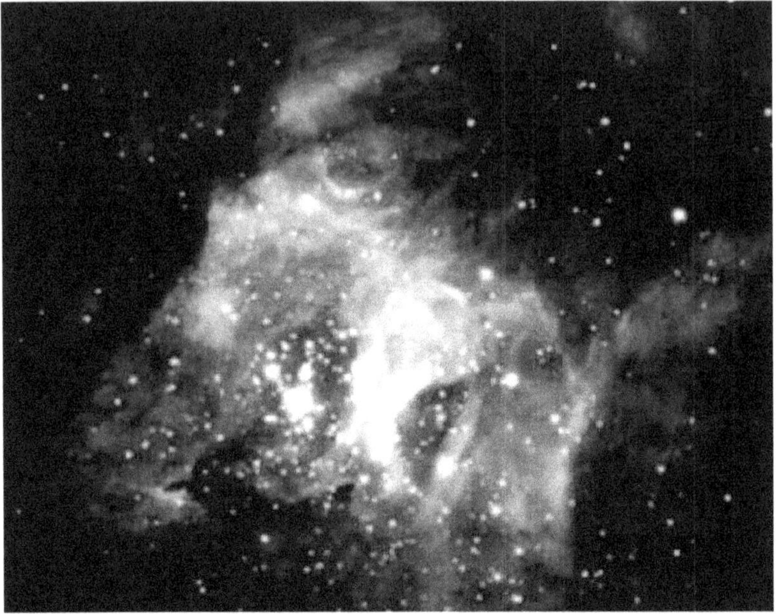

Figure 1-1
Cette image représente un berceau d'étoiles nouvellement formées : c'est une belle nébuleuse interstellaire dans laquelle des
tourbillons de matière ont conduit à la création d'un amas stellaire
encore enfoui dans son cocon. Ces immenses nuages de gaz de
notre Galaxie contiennent des centaines de molécules parfois très
complexes, parmi celles qui se trouvent à l'origine de la vie. (Image
ESO : European Southern Observatory.)

D'après les études théoriques, il existe une difficulté
d'ordre énergétique pour la formation de systèmes moléculaires complexes à partir d'éléments simples. Lorsque deux éléments se rencontrent au cours de leur mouvement individuel
dans l'espace, ils ont plus tendance à rebondir l'un sur l'autre
qu'à s'accoler. Pour permettre leur soudure naturelle, il y a
deux solutions. La première consiste à faire intervenir un
troisième élément : au cours d'une collision à trois, l'un des
protagonistes peut rebondir sur les autres en emportant toute

Figure 1-2
Cette photo montre la météorite d'Allende, tombée au Mexique en 1969, année où l'homme a marché sur la Lune. Il s'agit d'une « chondrite carbonée », parmi les plus vieux témoignages que l'on connaisse de la naissance du système solaire (4,566 milliards d'années). Les petites inclusions visibles sur cette photo sont les « chondrules », où sont mesurés les rapports isotopiques d'éléments permettant de reconstruire la manière dont s'est formé le système solaire. La météorite d'Allende se trouve au Muséum d'histoire naturelle de Paris.

l'énergie. Les deux éléments restants se retrouvent alors collés[1]. La deuxième solution concerne les éléments présents sur une surface solide : grains de poussière dans la matière

---

1. Ce type de ménage à trois dont l'un est éjecté est fondamental, par exemple, pour l'équilibre de l'ozone dans l'atmosphère terrestre. Les molécules d'ozone comprennent trois atomes d'oxygène alors que celles du gaz oxygène en comprennent deux. Le troisième atome ne peut s'associer aux deux autres et former une molécule d'ozone que si une autre molécule, différente, intervient dans la collision, en emportant une grande partie de l'énergie cinétique totale.

interstellaire, météorites, etc. Dans ce cas, l'énergie en trop est consommée par la surface solide. Ainsi les molécules complexes présentes dans l'espace se sont essentiellement formées à la surface de grains de matière solide, de cailloux ou de petits rochers.

Le passage au vivant

Que les molécules organiques viennent de l'espace ou aient été formées directement sur Terre, le problème de leur assemblage en molécules vivantes reste entier. Le fait est que, il y a quelque 3,8 milliards d'années, ces macromolécules se sont organisées en systèmes capables de se reproduire. Cela s'est sans doute passé au sein des océans primitifs, dans des zones capables de concentrer particulièrement les molécules organiques : le long des côtes où les argiles ont la propriété de capturer et retenir ces molécules au sein de leurs structures atomiques, ou encore dans les régions volcaniques sous-marines appelées « sources hydrothermales ».

Tout au fond de l'océan, à 3 000 mètres sous la surface, l'énergie souterraine du volcanisme provoque encore actuellement des conditions de températures qui, alliées à la grande pression et à la présence locale d'atomes métalliques, peut conduire à l'élaboration de la vie. Ces régions grouillent d'animaux particuliers, qui ressemblent un peu aux animaux de surface (de gros crabes, de grosses crevettes, des sortes d'immenses serpents), mais qui n'ont pas de couleur : ils sont tous d'un blanc laiteux, dû au fait qu'ils ne voient jamais la lumière.

Figure 1-3
Population de vers géants (céphalopodes) vivant au fond de l'Océan,
à 2 500 mètres sous la surface, au large des îles Galapagos, au niveau
de l'équateur. Ces animaux immenses font partie d'une communauté d'espèces variées exubérantes, qui prennent leur énergie dans
les sources hydrothermales présentes sur la « dorsale » (zone de frac-
ture du sol océanique, à la séparation entre les plaques tectoniques).
Ces êtres extraordinaires, découverts en 1977 par l'équipage du
sous-marin américain *Alvin*, peuvent apporter des indications précieuses sur l'origine de la vie sur Terre. (Image Ifremer.)

Par ailleurs, ces animaux étranges grandissent et grossis-
sent mais ne mangent pas comme les animaux de la surface,
car ils n'ont pas de système digestif. Ils absorbent l'énergie et
les matières nutritives directement par leur corps entier. Ce
système de nutrition étant plus efficace que celui auquel nous
sommes habitués, les animaux sous-marins des profondeurs
deviennent énormes, comparés à ceux de la surface. Ils ont

sans doute encore beaucoup à nous apprendre sur l'origine de la vie.

D'autres études ont été menées pour essayer d'expliquer le passage au vivant, sans que la question soit résolue. Ce qui est certain, c'est qu'il a fallu des milliards d'années à la Terre pour évoluer et permettre l'émergence de la vie telle que nous la connaissons...

Chaque petit enfant d'homme reproduit cette évolution en un temps record, en repassant par toutes les phases de l'élaboration du vivant. Pour se construire et survivre, l'homme absorbe des molécules inertes de nourriture et les transforme en cellules vivantes. C'est ce que nous faisons tous à chaque repas ! Ainsi nous concentrons dans nos cellules toute l'histoire du monde.

Mais que sont donc ces éléments, briques de base des molécules, et d'où viennent-ils ? D'où vient la matière que ma petite-fille absorbe pour la transformer en chair bien vivante, tout en éveillant à grande vitesse ses cinq sens et son cerveau ?

Les éléments : la bataille des Anciens

À l'époque florissante de la Grèce antique, de nombreux philosophes réfléchissaient à la structure de la matière et à la place de l'homme dans l'Univers. Certains défendaient l'idée que la nature est constituée d'objets fondamentaux, indestructibles, dont tous les autres sont composés. Toute matière pouvait ainsi être divisée en éléments de plus en plus petits jusqu'à atteindre une limite ultime : les particules « insécables ». La « théorie atomique » a été pour la première fois proposée par les grecs Leucippe[1] et Démocrite[2]. Les atomes (« insécables » en grec) étaient représentés comme des objets microscopiques, de tailles et de formes variées, toujours en mouvement. Ils avaient la propriété de se combiner pour former les structures visibles du monde, dont la diversité s'expliquait précisément par la variété des objets microscopiques qui les constituaient : « La couleur n'existe que par convention, la douceur par convention, l'amertume par convention, en réalité rien n'existe que les atomes et le vide[3]. »

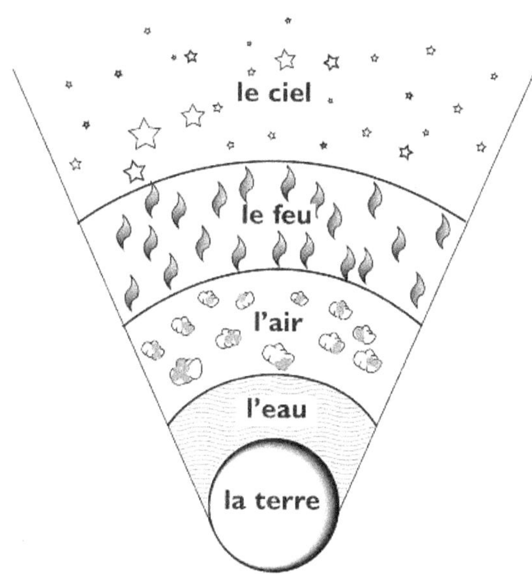

Figure 1-4
Les quatre éléments fondamentaux de la nature chez les Grecs : la Terre, l'Eau, l'Air, le Feu, le tout surmonté du ciel divin, où tout devait être parfait.

1. Ve siècle av. J.-C.
2. 460-370 av. J.-C.
3. Démocrite, cité par H. J. Haubold et A. M. Mathal, in « Structure of the Universe », *Encyclopedia of Applied Physics*, vol. 23, 1998.

La théorie atomique de Démocrite, qui apparaît à présent comme une idée d'avant-garde, s'est pourtant trouvée à l'époque éclipsée par celle des quatre éléments, dont le chef de file était Empédocle[1]. Cette représentation du monde, qui a trouvé un support important chez Aristote[2], supposait la Terre fixe, entourée d'une pellicule d'eau, puis d'air et enfin de feu. L'ensemble représentait les quatre éléments fondamentaux, dont toute matière était constituée. Aristote a étendu son pouvoir pendant des siècles. Il a en particulier beaucoup imprégné la philosophie et la religion au Moyen Âge. Dans les écrits médiévaux, les éléments sont parfois décrits par le symbole de l'œuf, avec la Terre au centre comme le jaune, puis l'eau (le blanc), l'air (la membrane) et enfin le feu (la coquille). Parfois encore la Terre est la semence, et les éléments eau, air, feu sont représentés par le jaune, le blanc et la coquille.

Ainsi va le monde...

Aristote est sans doute l'un des philosophes les plus connus de l'Antiquité et son influence s'est imposée pendant de nombreux siècles. Il s'est cependant trompé sur plusieurs questions, pour lesquelles d'autres philosophes avaient des réponses plus proches de la réalité scientifique, telle que nous la connaissons de nos jours. Mais la suprématie d'Aristote et la manière péremptoire dont ses écrits ont été imposés au

---

1. Ve siècle av. J.-C.
2. 384-322 av. J.-C.

Moyen Âge ont provoqué un retard considérable dans l'avancée des connaissances scientifiques.

Alors qu'Aristote plaçait les éléments de manière fixe autour de la Terre, Démocrite imaginait déjà les atomes comme des particules en mouvement. Chez Aristote, les métaux étaient supposés constitués d'assemblages variés des quatre éléments ; la réalité est plus proche de la conception de Démocrite puisque au contraire la terre[1] est constituée de molécules comprenant un grand nombre d'atomes de métaux[2]. Même si nous savons à présent que les atomes se divisent en particules plus petites, les nucléons, qui se divisent encore en quarks, la démarche de Démocrite était alors beaucoup plus « scientifique » que celle d'Aristote.

Peu de temps après la mort d'Aristote, est né dans l'île grecque de Samos un autre philosophe moins connu : Aristarque[3]. En étudiant le mouvement de la planète Mars dans le ciel, Aristarque avait déjà compris que le monde s'expliquerait d'une manière plus logique si les planètes, y compris la Terre, tournaient autour du Soleil[4]. Mais cette intuition fabuleuse est restée lettre morte. La Terre est restée fixée au centre du monde pendant environ dix-huit siècles, jusqu'à l'époque de Copernic (fin XVIe, début XVIIe siècle).

En plus de la Terre fixe et des quatre éléments, Aristote utilisait la Lune comme limite entre le monde imparfait (sublunaire) et le monde parfait (supra-lunaire). Au ciel, au-delà

---

1. La Terre prend une majuscule lorsqu'il s'agit de la planète, une minuscule lorsqu'il s'agit de la matière.
2. Il existe maintenant une ambiguïté sur l'usage du mot « métal » ; en effet, il peut s'agir soit d'un matériau conducteur de l'électricité (usage courant), soit d'un certain type d'éléments chimiques qui se comportent, dans les conditions habituelles sur la Terre, comme des solides conducteurs ; pour éviter l'ambiguïté on peut aussi les désigner par « éléments métalliques ».
3. Né vers 310, mort vers 230 av. J.-C.
4. Voir *La Symphonie des étoiles*, chapitre I.

de la Lune, aucun défaut ne pouvait être admis. Les sphères célestes, pures et sans taches, devaient tourner autour de la Terre avec des mouvements circulaires uniformes, considérés comme la perfection. Avec sa lunette astronomique, aux environs de l'an 1600, Galilée découvrit des taches sur le Soleil, des cratères sur la Lune, des satellites en orbite autour de Jupiter : il a certes eu des difficultés avec l'Église, mais c'est sans doute Aristote et son imprégnation sur la société qu'il a eu le plus de mal à détrôner.

Retour aux atomes

S'il a fallu attendre dix-huit siècles pour revenir enfin à l'idée que la Terre n'était pas fixe dans l'espace, plus de vingt siècles ont été nécessaires pour faire réémerger la théorie atomique de l'oubli. Au XVIIe siècle Isaac Newton[1], dans ses études sur la lumière et la matière, montre que certaines observations s'expliquent par la structuration de la matière en atomes. Cent ans plus tard, au cours du XIXe siècle, la théorie des atomes gagne tous ses galons. Chimistes et physiciens sont conduits à l'approfondir : John Dalton[2], à partir d'études détaillées des réactions chimiques, établit la loi de conservation des atomes et la loi des proportions entre les divers ingrédients d'une réaction chimique. Il comprend que les mêmes atomes se retrouvent avant et après la réaction, mais qu'ils sont simplement répartis dans des molécules différen-

---

1. 1642-1727.
2. 1766-1844.

tes. Il introduit la notion de masse atomique, en donnant arbitrairement à l'hydrogène la masse 1. Les autres masses sont déduites par l'expérience : par exemple 12 pour le carbone et 16 pour l'oxygène. Au cours de la même période, Amedeo Avogadro[1] suggère qu'un volume de gaz quel qu'il soit contient toujours le même nombre d'atomes[2]. Un calcul effectué pour le gaz hydrogène montre qu'un gramme de ce gaz contient $6,02 \times 10^{23}$ atomes. Ce nombre est devenu célèbre sous le nom de « nombre d'Avogadro[3] ».

L'avènement du microscopique

La théorie des atomes s'est imposée de plus en plus au cours du XIXe siècle, même s'il lui a fallu parfois vaincre des réticences. Les physiciens se divisaient essentiellement en deux catégories : ceux qui cherchaient à comprendre les fondements de la matière, dans tous ses détails, pour mieux expliquer son fonctionnement, et ceux qui s'intéressaient à décrire le plus précisément possible l'évolution des phénomènes dans le but de prédire les résultats des expériences et de pouvoir les reproduire sans erreur, sans pour autant chercher à les décortiquer. Ces derniers, parmi lesquels Sadi

---

1. 1776-1856.
2. Ce qui n'est pas tout à fait exact : en réalité un même volume, dans les mêmes conditions de température et de pression, contient non pas le même nombre d'atomes mais le même nombre de molécules ; des molécules de différents gaz peuvent être elles-mêmes composées d'un nombre différent d'atomes.
3. D'une manière générale, un volume de gaz contenant un nombre de molécules égal au nombre d'Avogadro est appelé « mole ».

Carnot[1], considéraient que le but essentiel de la physique est de construire des machines fiables, alors que les premiers, dont James Clerk Maxwell[2] et Ludwig Boltzmann[3], avaient une vision plus large et plus élaborée de la recherche de compréhension du monde.

Les physiciens atomistes étudiaient la correspondance entre les phénomènes pouvant se produire au niveau atomique et moléculaire et les grandeurs observées : ils ont découvert, par exemple, que la température d'un objet était reliée au mouvement interne de ses atomes, plus précisément à leur énergie cinétique moyenne. Plus les atomes bougent, plus la température est élevée. Si les atomes ne bougeaient plus, ce serait le zéro absolu. Mais cette situation est impossible à atteindre : les atomes bougent toujours !

Plus tard, en 1906, Ludwig Boltzmann s'est suicidé, incompris par la majorité de ses collègues. Il avait découvert en 1872 la loi statistique de l'entropie qui allait devenir célèbre après sa mort. Pour la première fois, l'évolution irréversible des phénomènes physiques (décrite par S. Carnot pour les machines thermiques) était expliquée en termes d'évolution statistique des ensembles d'atomes. L. Boltzmann avait ainsi posé la pierre angulaire d'un édifice qui allait permettre de mieux comprendre la structure et l'évolution de la matière, avec de nombreuses conséquences dans d'autres domaines, par exemple la théorie de l'information.

---

1. 1796-1832.
2. 1831-1879.
3. 1844-1906.

Les insécables disséqués

La matière est donc faite d'atomes : plus de doute à ce sujet à la fin du XIXe siècle. Ces atomes, généralement agencés entre eux pour former des molécules, sont échangés au cours des réactions chimiques. Ils passent alors d'une molécule à une autre, mais leur nombre ne change pas. Nous allons voir que cette situation se retrouve aux plus petites échelles, en particulier dans le cas des réactions nucléaires où l'on retrouve aussi les lois de conservation des divers types de particules.

Contrairement à l'idée de Démocrite selon laquelle les atomes représentaient les plus petites briques possibles de matière, les physiciens du XXe siècle ont découvert qu'ils étaient essentiellement constitués de « vide », avec un très petit noyau au centre et des particules encore plus petites, appelées électrons, en orbite autour du noyau. Deux grands physiciens ont contribué à cette vision de la structure interne de l'atome. Tout d'abord, Joseph Thomson[1] mit en évidence le fait que tous les atomes possèdent des particules de charge électrique négative, les électrons, capables de s'en détacher. Qui plus est, les électrons arrachés aux atomes pouvaient se déplacer dans les métaux et fournir ce que nous appelons à présent le courant électrique. Puis Ernest Rutherford[2], grâce à une expérience maintenant très connue de diffusion de « rayons alpha[3] » sur de fines feuilles d'or, réussit à mettre en évidence la dimension du noyau atomique, dix mille fois plus

---

1. 1856-1940. La découverte de l'électron date de 1911.
2. 1871-1937.
3. Ce sont en fait des noyaux d'hélium.

petite que l'atome entier[1] : si les atomes avaient 100 mètres de diamètre, le noyau aurait la taille d'un petit pois ! Et dans ces conditions, une fourmi aurait une dimention de 10 millions de kilomètres... Rutherford découvrait en même temps que l'électron a une masse très faible, négligeable par rapport à la masse totale de l'atome[2]. Presque toute la masse devait donc être portée par le très petit noyau central.

Notons que sans ces « fous de la science » qui ne souhaitaient rien d'autre que de mieux comprendre le monde dans lequel ils vivaient et d'essayer de résoudre au moins partiellement la grande question des origines, nous n'aurions pas d'électricité dans nos maisons. Ce n'est pas en cherchant à améliorer la bougie que l'on a découvert l'électricité ! Voilà une occasion d'ouvrir une parenthèse sur l'évolution de la science contemporaine, où tout doit être planifié, ce qui est totalement contradictoire avec la manière dont fonctionne réellement la recherche scientifique.

Modèle planétaire : pas si simple !

Un atome n'est pas un système solaire de dimension microscopique. Il était pourtant très tentant de l'imaginer : en

---

1. La dimension des atomes se mesure en « ångströms », soit un dixième de nanomètre (un dixième de milliardième de mètre), ou encore 10^{-10} mètre. La dimension des noyaux atomiques se mesure en « fermis », soit un millionième de milliardième de mètre, ou encore 10^{-15} mètre.
2. La masse de l'électron est 1 800 fois plus petite que la masse du proton, noyau de l'atome d'hydrogène. La masse du proton, quant à elle, est égale à 1 gramme divisé par le nombre d'Avogadro, soit $1/6{,}02 . 10^{23}$ g ou encore $1{,}67 . 10^{-24}$ g.

effet, si le noyau d'atome avait la taille du Soleil, l'atome entier aurait à peu près la taille du système solaire incluant l'orbite de Pluton. La comparaison s'arrête là. L'idée d'une reproduction au niveau microscopique d'un système planétaire, le noyau jouant le rôle de l'étoile centrale et les électrons le rôle des planètes ne tient pas. Outre leurs dimensions, il existe une très importante différence entre le système solaire et un atome. Les électrons possèdent une charge électrique, de même que le noyau, ce qui n'est pas le cas des planètes. Les mouvements planétaires sont régis par l'interaction gravitationnelle, alors que les mouvements des électrons dans l'atome sont régis par l'interaction électromagnétique.

Si les électrons tournaient autour du noyau comme les planètes autour du Soleil, leur mouvement produirait un champ électromagnétique qui leur ferait perdre de l'énergie. Au lieu de rester sur une orbite stable, ils seraient ainsi conduits à spiraler vers le noyau pour finalement tomber dessus et disparaître. La matière serait instable et nous ne pourrions tout simplement pas exister !

Heureusement ce n'est pas le cas mais, pour le comprendre, il faut totalement oublier l'image planétaire de l'atome, avec une petite boule au centre (le noyau) entourée de boules encore plus petites (les électrons). La réalité physique est tout autre. Ni le noyau, ni les électrons ne ressemblent à des boules de billard. Nous y reviendrons au chapitre 2.

Les électrons au sein de l'atome ne naviguent pas sur des orbites définies par leur distance au centre. En revanche leurs orbites, plus correctement appelées « orbitales », correspondent à des énergies bien déterminées, les « états quantiques ». Il est possible aux électrons de changer d'état quantique. Ils ont besoin pour cela d'absorber ou d'émettre une énergie correspondant précisément à la différence entre les deux états. S'il s'agit d'énergie lumineuse, le rayonnement absorbé ou émis doit avoir une longueur d'onde, donc une couleur, caractéristique de l'atome. Ce processus est à l'origine des raies sombres observées dans le spectre[1] des étoiles, dont il sera à nouveau question au chapitre 4. Ainsi, chaque atome présente une « signature spectrale » qui permet de le reconnaître sans ambiguïté.

Structure du noyau atomique

Quant au noyau lui-même, il n'est pas plus insécable que l'atome. Il y eut d'abord la découverte par James Chadwick[2] que le noyau atomique, sous certaines conditions, pouvait éjecter une particule neutre qui fut appelée « neutron ». Les scientifiques comprirent que le noyau est en fait composé de deux sortes de particules ayant à peu près la même masse : les protons, porteurs d'une charge électrique positive, et les neutrons, sans charge électrique.

À la même époque, Francis William Aston[3] construisit le premier « spectrographe de masse » permettant de déterminer la masse des noyaux atomiques. Il découvrit ainsi que des

---

1. On appelle « spectre stellaire » l'arc-en-ciel des étoiles, c'est-à-dire la décomposition du rayonnement en toutes ses couleurs possibles. Les spectres sont obtenus grâce à des systèmes qui modifient la direction des rayons lumineux d'une manière différente suivant leur couleur, comme les gouttes d'eau dans le ciel, pour le cas de l'arc-en-ciel. On peut utiliser des prismes, ou mieux des réseaux dispersifs appropriés.
2. 1891-1974 ; le neutron a été découvert en 1932.
3. 1877-1945.

noyaux d'atomes qui possédaient exactement les mêmes propriétés chimiques pouvaient avoir des masses légèrement différentes. Par exemple le noyau de carbone pouvait peser soit 12 fois la masse d'un atome d'hydrogène, soit 13 fois, alors qu'il s'agissait de la même sorte d'atome.

On connaissait déjà l'existence de la radioactivité, découverte par Henri Becquerel[1] : alors qu'il étudiait l'effet de substances phosphorescentes sur les plaques photographiques, il remarqua que certains minerais contenant de l'uranium impressionnaient les plaques même au travers d'un papier protecteur noir, opaque à la lumière. Il en déduisit l'existence de radiations atomiques particulières liées à cet élément. Quelques années plus tard, Pierre[2] et Marie[3] Curie découvrirent un autre élément radioactif : le polonium, puis un autre encore plus actif : le radium.

Il existe donc des atomes instables, qui se transforment spontanément en d'autres sortes d'atomes et peuvent émettre des rayonnements nocifs, très dangereux pour la santé (Marie Curie est morte en 1934 des suites d'une leucémie causée par tous les rayonnements radioactifs auxquels elle avait été exposée pendant sa vie). La nature commence à ressembler étrangement au rêve passé des alchimistes, qui souhaitaient transformer le plomb en or !

---

1. 1852-1908. Becquerel découvrit la radioactivité en 1896.
2. Pierre Curie, 1859-1906.
3. Marie Sklodowska-Curie, 1867-1934.

Isotopes et isobares

Les noyaux d'atomes sont donc formés d'un certain nombre de protons et de neutrons, qui leur confèrent des propriétés particulières. Il est apparu dès le début que les propriétés chimiques et physiques usuelles des atomes dans les conditions où on les observe sur Terre, c'est-à-dire leur état normal (solide, liquide ou gazeux), leur comportement dans les réactions chimiques, leur capacité à s'assembler en molécules, etc., dépendaient essentiellement du nombre d'électrons qu'ils contiennent et donc de la charge électrique de leur noyau.

Dès lors, le terme d'« élément chimique » était défini sans ambiguïté. Un élément chimique représente l'ensemble des atomes qui ont le même nombre de protons au sein de leur noyau. Chaque élément porte un nom particulier, représenté aussi par un symbole caractéristique[1]. Par exemple l'élément « carbone », de symbole C, comprend 6 protons dans son noyau et donc 6 électrons dans son état normal (globalement neutre). Mais en plus des protons, les noyaux de carbone contiennent un certain nombre de neutrons, pas toujours le même ; les noyaux de carbone de masse 12 (comparée à celle de l'atome d'hydrogène) comprennent 6 neutrons, ceux de masse 13 en comprennent 7. Il existe aussi des noyaux de carbone avec 8 neutrons : ceux-là, de masse 14, sont célèbres pour leur radioactivité car ils permettent de faire des datations d'objets anciens : les fameuses datations « au carbone 14 », dont tout le monde a entendu parler.

---

1. Voir la liste complète donnée en annexe.

Chaque type de noyaux d'atomes, avec un nombre précis de protons et de neutrons, est appelé « nuclide ». Les nuclides qui ont le même nombre de protons, avec des nombres différents de neutrons, sont appelés les « isotopes » de l'élément correspondant. Le carbone 12 et le carbone 13 sont les deux isotopes stables du carbone, le 12 étant beaucoup plus abondant sur Terre que le 13. Quant au carbone 14, c'est un isotope radioactif ; il se désintègre spontanément en azote 14, un isotope stable de l'azote qui a la même masse que le carbone 14 mais pas du tout les mêmes propriétés.

Dans le passage du carbone 14 à l'azote 14, l'un des neutrons du noyau de carbone se transforme en proton[1]. C'est pourquoi la masse reste la même, alors que la transformation change l'élément. Ainsi, comme nous le verrons au chapitre 5, l'étude des phénomènes radioactifs fait souvent intervenir des atomes de même masse, mais de composition nucléaire différente, c'est-à-dire appartenant à des éléments différents. On appelle ces atomes de même masse mais de propriétés différentes des « isobares ».

Classification des éléments

Dès le début du XIXe siècle, la variété des éléments chimiques et de leurs propriétés a particulièrement interpellé les

---

1. La transformation d'un neutron en proton s'accompagne de l'émission d'un électron et d'une autre particule appelée « anti-neutrino ». La masse de ces particules éjectées est négligeable par rapport à celle des protons et des neutrons. Notons que l'électron émis n'est pas du tout l'un des électrons tournant autour du noyau : c'est le neutron lui-même, à l'intérieur du noyau, qui se transforme en proton et électron.

scientifiques, qui ont cherché à les classer en catégories. C'est un chercheur russe, Dmitri Mendeleïev[1], qui réussit le premier en 1869 à en dresser une classification intéressante, encore utilisée de nos jours. On ne connaissait à l'époque que 63 éléments. Mendeleïev observa que, lorsqu'il les étudiait par ordre de masse atomique croissante, les éléments présentaient de légères différences dans leurs propriétés chimiques, jusqu'à un élément particulier qui se trouvait en rupture brutale avec son prédécesseur. Par exemple, les propriétés des éléments successifs variaient lentement entre le lithium et le fluor alors que l'élément suivant, le sodium[2], retrouvait des propriétés très éloignées de celles du fluor mais très semblables à celles du lithium. D'où l'idée d'une classification périodique, d'abord succincte mais très développée par la suite. Le premier tableau de Mendeleïev contenait beaucoup de cases vides qui se sont remplies petit à petit avec succès, à mesure de la découverte de nouveaux éléments.

Les similarités des propriétés chimiques entre des éléments d'une même « colonne » du tableau de Mendeleïev s'expliquent maintenant d'une manière simple en termes d'orbitales électroniques. Mais une telle approche était inimaginable au XIXe siècle, et cette histoire illustre bien la manière dont se produisent les avancées scientifiques : une simple classification des objets, ici les atomes, peut orienter les esprits vers des découvertes de grande importance pour une meilleure compréhension du monde.

---

1. 1834-1907.

2. Le néon, intermédiaire entre le fluor et le sodium, était inconnu à l'époque.

Tableau des éléments

1	2	3	4	5	6	7	8	9	10	11	12	13	14	15	16	17	18
1 H 1.0079																	2 He 4.0026
3 Li 6.941	4 Be 9.012											5 B 10.811	6 C 12.011	7 N 14.007	8 O 15.999	9 F 18.998	10 Ne 20.179
11 Na 22.990	12 Mg 24.305											13 Al 26.982	14 Si 28.086	15 P 30.974	16 S 32.065	17 Cl 35.453	18 Ar 39.948
19 K 39.098	20 Ca 40.078	21 Sc 44.956	22 Ti 47.867	23 V 50.941	24 Cr 51.996	25 Mn 54.938	26 Fe 55.847	27 Co 58.933	28 Ni 58.693	29 Cu 63.546	30 Zn 65.39	31 Ga 69.723	32 Ge 72.61	33 As 74.922	34 Se 78.96	35 Br 79.904	36 Kr 83,80
37 Rb 85.468	38 Sr 87.62	39 Y 88.906	40 Zr 91.224	41 Nb 92.906	42 Mo 95.94	43 Tc 98.906	44 Ru 101.07	45 Rh 102.91	46 Pd 106.42	47 Ag 107.87	48 Cd 112.41	49 In 114.82	50 Sn 118.71	51 Sb 121.75	52 Te 127.60	53 I 126.90	54 Xe 131.29
55 Cs 132.905	56 Ba 137.33	57-71 La-Lu	72 Hf 178.49	73 Ta 180.948	74 W 183.85	75 Re 186.21	76 Os 190.23	77 Ir 192.22	78 Pt 195.08	79 Au 196.966	80 Hg 200.59	81 Te 204.38	82 Pb 207.2	83 Bi 208.98	84 Po (209)	85 At (210)	86 Rn (222)
87 Fr (223)	88 Ra 226.002	89-103 Ac-Lr	104 Rf (263)	105 Db (262)	106 Sg (266)	107 Bh (264)	108 Hs (269)	109 Mt (268)	110 Ds (271)	111 Rg (272)	112 Uub (285)	113 Uut (284)	114 Uuq (289)	115 Uup (288)	116 Uuh (292)		

Lanthanides

57	58	59	60	61	62	63	64	65	66	67	68	69	70	71
La 138.90	Ce 140.1	Pr 140.91	Nd 144.24	Pm (145)	Sm 150.36	Eu 151.96	Gd 157.25	Tb 158.93	Dy 162.50	Ho 164.93	Er 167.26	Tm 168.93	Yb 173.04	Lu 174.97

Actinides

89	90	91	92	93	94	95	96	97	98	99	100	101	102	103
Ac 227.027	Th 232.04	Pa 231.04	U 238.03	Np 237.048	Pu (244)	Am (243)	Cm (247)	Bk (247)	Cf (251)	Es (252)	Fm (257)	Md (258)	No (259)	Lr (262)

Figure 1-5
La classification périodique des éléments. Depuis la première classification de Mendeleïev (1834-1907), de nombreux éléments chimiques ont été découverts, ce qui a permis de remplir de nombreuses cases du tableau. Dans chaque case le nombre en haut à gauche représente la charge Z de l'élément considéré, et le nombre en bas correspond à la masse de l'élément mesurée sur Terre, compte tenu de sa composition isotopique (voir annexe).

Structure des nucléons

Les protons et les neutrons ont presque la même masse, mais pas tout à fait : il existe une infime différence, de seulement 1,37 pour mille, qui a une répercussion considérable dans la structure de la matière et son élaboration. Le neutron, légèrement plus massif que le proton, se désintègre spontanément en un temps d'environ un quart d'heure. Il devient alors proton, en émettant un électron et un antineutrino[1]. Il s'agit de la première, la plus simple, réaction de désintégration radioactive. Toute la formation des éléments lourds dans l'Univers en dépend.

La similarité, ainsi que les disparités entre le proton et le neutron ont conduit les physiciens à penser qu'il s'agissait de deux aspects différents d'une même sorte d'objets, les nucléons. Par ailleurs, beaucoup d'autres sortes de particules, indépendantes du noyau atomique, avaient été découvertes dans les « rayons cosmiques » : ce sont des particules venant directement de l'espace et recueillies sur Terre grâce à des détecteurs spécialement conçus à cet effet[2]. Comme Mendeleïev pour les atomes, les physiciens du XXe siècle ont alors classé ces particules en grandes familles présentant des propriétés semblables. Cette classification a conduit Murray Gell-Mann[3] à découvrir que, comme les atomes, comme les noyaux d'atomes, les nucléons ne sont pas insécables. Ils sont formés de trois particules plus petites, que Gellman a appelées « quarks[4] ».

---

1. Voir chapitre 5.
2. Voir chapitre 8.
3. Prix Nobel de physique 1969.
4. Le nom de « quark » est extrait d'un roman de James Joyce, *Finnegan's Wake*, Paris, Gallimard, 1982. Ce mot n'avait apparemment pas de signification particulière : il provenait sans doute d'une déformation du mot « quart » (unité de volume liquide) choisie par Joyce pour l'onomatopée et la rime (« Three quarks pour Muster Mark »).

Hiérarchie atomique

Alors, en résumé, molécules, atomes, noyaux, nucléons (protons et neutrons), quarks... Cela s'arrêtera-t-il là ? En fait, la question ne se pose plus de la même manière car à ce niveau de pénétration au sein de la matière, les particules ne sont plus des objets que l'on peut ou que l'on ne peut pas couper. Nous verrons dans le prochain chapitre que les particules doivent être imaginées sous forme d'ondes, ou plutôt de « paquets » d'ondes : dès lors on ne peut plus discuter de leur présence à certain endroit à un moment donné, mais de leur probabilité de présence.

Par ailleurs, les particules de matière ne se conçoivent plus sans les interactions correspondantes, qui les associent ou les dissocient. Ces interactions elles-mêmes ne sont plus du tout comprises en termes de « forces » agissant à distance entre les objets. Elles correspondent à un échange : au cours d'une interaction, les particules de matière se renvoient mutuellement des particules d'un autre type, les « particules d'interaction », appelées encore « particules messagères[1] ».

De plus, si la matière, au niveau microscopique, semble faite essentiellement de vide, il ne s'agit pas de vide au sens où nous l'entendons habituellement, un vide qui serait synonyme de « rien ». Ce vide est rempli d'énergie, et de particules qui se forment et disparaissent en permanence[2].

---

1. Voir chapitre 2.
2. Voir chapitre 2.

Toutes ces études, fascinantes, jettent un nouveau regard sur l'idée d'émergence de la complexité dans l'Univers. Ma petite-fille, bien présente, vivante et joyeuse, ne sait pas encore qu'elle est constituée d'étincelles d'étoiles.

CHAPITRE 2

Descente
au fond de la matière

Cieux déchirés comme des grèves,
En vous se mire mon orgueil !
Charles BAUDELAIRE

Récemment, je visionnais un film scientifique pour non-initiés, prévu pour la télévision, dans lequel les grandes questions du pourquoi, du comment, de tout cet ensemble complexe de la compréhension générale du monde étaient brassées avec beaucoup d'habilité, d'une manière très sympathique et certainement instructive, en y mélangeant un zeste d'humour et juste ce qu'il faut de ludique, ni plus, ni moins. Jusqu'à ce qu'on en arrive à la question de la structure fondamentale de la matière, avec un semblant d'introduction à la physique quantique. Il se passe alors sur l'écran une chose inimaginable : une belle jeune femme, dynamique et forte, pleine de santé, prend son élan avec une grande inspiration, saute et hop ! traverse un épais mur de briques rouges d'où elle ressort avec un sourire radieux jusqu'aux oreilles. Et voilà ! commente-t-elle avec délices : c'est ce que nous apprend la physique quantique. Il était impossible de décider si je me trouvais de l'autre côté du mur ou de ce côté-ci. Donc, cela signifie que je peux traverser les murs.

Devant de telles histoires « à dormir debout », comme on disait dans mon enfance, je me demande comment il est possible que les lecteurs et les auditeurs, qui sont certainement des êtres sensés, ne prennent pas plus les scientifiques pour des cinglés. Qu'est-ce que cela signifie donc ? Qu'est-ce qui ne va pas ?

Aller et retour

Il est toujours très amusant d'observer les spectateurs d'un match de tennis. Toutes les têtes se tournent en cadence, à droite, à gauche, à droite, à gauche : les gens suivent la balle des yeux. Ils la voient précisément à l'endroit où elle se trouve à un instant donné, et peuvent suivre sans difficulté ses déplacements au cours du temps. Les joueurs de tennis s'entraînent souvent en solitaires devant un mur, sur lequel la balle rebondit et revient vers eux pour qu'ils la rattrapent précisément et la relancent avec leur raquette. Il serait inimaginable que la balle, au lieu de revenir vers le joueur, traverse le mur pour continuer sur sa lancée de l'autre côté ! Ce serait le « monde à l'envers ».

C'est pourtant ce qui se passe dans l'univers microscopique. Les électrons ou autres particules dites « élémentaires » ne peuvent pas être localisées précisément au cours du temps. Il est possible de définir la région où elles ont la plus grande probabilité de se trouver, sans plus. Elles sont ainsi capables de traverser des barrières énormes, simplement parce que leur région de plus grande probabilité de présence inclut la barrière en question : du coup, elles peuvent se situer soit d'un côté, soit de l'autre. Cet effet dit « quantique » a une grande répercussion sur l'évolution de la matière. Nous verrons que les réactions nucléaires qui se produisent dans les étoiles et qui permettent la transformation d'éléments légers en éléments de plus en plus lourds seraient impossibles sans cet effet[1]. Nous n'existerions même pas pour en parler !

La descente au fond de la matière ne se fait pas en reproduisant à des échelles de plus en plus petites les schémas connus à notre niveau. Les événements s'y passent différemment. L'atome n'est pas construit sur le même modèle que les systèmes planétaires. Inversement, il ne faut pas rebrousser chemin en voulant reproduire à notre échelle les situations vécues à l'échelle microscopique, même pour des raisons pédagogiques. La balle de tennis ne se comporte pas comme l'électron et l'actrice du film n'a en aucune manière le pouvoir de traverser les murs ! Nous essaierons de comprendre pourquoi la transposition n'est pas correcte même si, dans des cas très particuliers (superfluides, supraconducteurs) les phénomènes quantiques peuvent aussi se faire sentir dans la vie de tous les jours.

---

1. Voir chapitre 6.

Ondes et particules

Lorsque l'on envoie un faisceau lumineux sur une plaque comportant deux petites fentes, le phénomène observé de l'autre côté de la plaque est bien connu : ce sont des « interférences », caractérisées par une succession de franges lumineuses et sombres[1]. En revanche, si l'on envoie par chacune des fentes un faisceau provenant de deux sources lumineuses différentes, l'effet d'interférences disparaît.

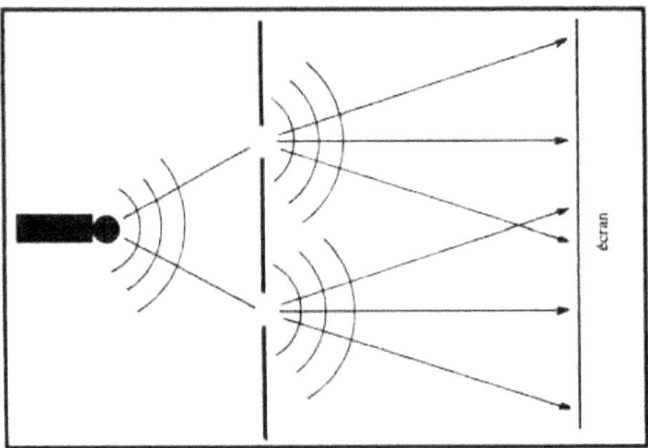

Figure 2-1
Interférences lumineuses : si la lumière qui passe à travers les deux fentes provient d'une source lumineuse unique, on observe sur l'écran des successions de franges sombres et claires ; c'est le phénomène d'interférences. Mais on n'obtient jamais d'interférences en combinant deux sources lumineuses différentes. Dans le premier cas, la lumière est « cohérente » et peut interférer, mais dans le deuxième cas elle ne l'est pas et il ne se passe rien.

---

1. Il s'agit de l'expérience bien connue des « fentes d'Young ».

Dans le premier cas, la lumière qui passe par chacune des fentes est « cohérente », car elle provient de la même source. Elle ne l'est pas dans le deuxième cas. Pour comprendre cela, il faut savoir que la lumière est émise non pas comme une onde unique, mais plutôt comme des bouffées d'ondes successives, encore appelées « paquets d'ondes ». Le phénomène d'interférences ne se produit que si les paquets d'ondes arrivent en même temps et de la même manière sur les deux fentes.

Il est possible de réaliser le même genre d'expériences avec des faisceaux d'électrons. Le résultat est étonnamment proche de ce que l'on obtient avec la lumière : des interférences se produisent à condition que les faisceaux d'électrons soient cohérents et donc proviennent de la même source. Il n'existe pas de différence fondamentale entre un phénomène qui était généralement décrit comme une onde (la lumière) et un autre phénomène généralement décrit comme un ensemble de particules (les électrons).

Ce résultat est général. Les particules élémentaires ne correspondent pas du tout à l'image traditionnelle de billes microscopiques. Elles peuvent être assimilées à des paquets d'ondes se développant et se propageant sur un certain intervalle de distance. Il est impossible, dans ces conditions, de les localiser avec une précision meilleure que la dimension du paquet d'ondes. Inversement, la lumière peut être interprétée en termes de particules : les photons[1].

Les physiciens du début du XXe siècle, en particulier Louis de Broglie[2], ont montré que le développement de l'onde associée à une particule, telle qu'elle peut être vue par un

---

1. Contrairement aux particules dont il sera question ci-dessous, les photons ont une masse nulle, et se déplacent évidemment à la vitesse de la lumière, ce qui n'est pas possible pour une particule massive.
2. 1892-1987.

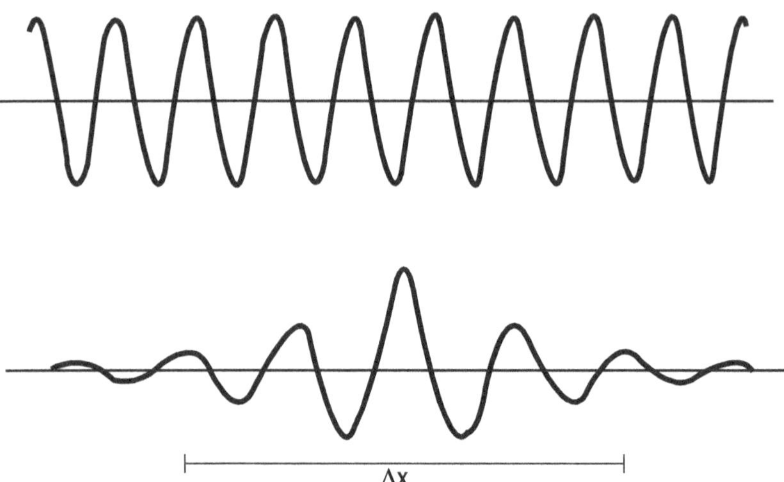

Figure 2-2
Différence entre une onde simple (en haut) et un « paquet d'ondes »
(en bas). L'onde simple se propage semblable à elle-même, avec une
amplitude et une longueur d'onde qui ne changent pas. Dans le cas
du « paquet d'ondes », l'amplitude augmente jusqu'à un maximum
puis diminue. Cette « bouffée » peut être assimilée à une particule
qu'il n'est pas possible de localiser plus précisément que l'étendue
du paquet d'ondes, symbolisée ici par Δx. La lumière émise par une
source lumineuse se fait ainsi sous forme de « paquets d'ondes », ou
de « photons ». Pour que le phénomène d'interférences puisse se
produire, il faut que les paquets d'ondes arrivent en même temps
sur l'écran, et donc que les sources émettrices soient cohérentes
entre elles. Le meilleur moyen d'obtenir ce résultat est d'utiliser une
source unique et de la diviser.

observateur, dépend de sa vitesse par rapport à lui : plus la
particule va vite, plus l'onde est serrée[1]. Ainsi, la longueur
d'onde associée à une particule en mouvement est égale à une
certaine constante appelée « constante de Planck[2] », divisée

---

1. En d'autres termes, plus la longueur d'onde est petite.
2. h = 6,67 . 10^{-34} joules par seconde ; cette constante porte le nom du physicien
allemand Max Planck (1848-1947).

par la masse de la particule et par sa vitesse[1]. La localisation d'une particule dans l'espace (dimension du paquet d'ondes) est en général du même ordre de grandeur que cette « longueur d'onde de De Broglie[2] ».

Indétermination

Il est intéressant, à ce point, d'effectuer quelques petits calculs concernant la zone à l'intérieur de laquelle la position des objets reste indéterminée. Considérons tout d'abord le monde microscopique. Un proton dans le creuset nucléaire du Soleil, à des températures de l'ordre de 15 millions de degrés, a une « longueur d'onde de De Broglie » de 10^{-12} mètre, c'est-à-dire un centième d'ångström ou une dizaine de fermis[3]. La région d'indétermination de la position du proton est donc bien supérieure aux dimensions nucléaires et les effets quantiques qui en résultent sont importants. Comme nous le verrons au chapitre 6, cette situation permet au proton de

---

1. La vitesse d'un objet n'est pas une grandeur absolue ; elle se mesure par rapport à un repère qui dépend de ce que l'on étudie : cela peut être l'obstacle quand il s'agit de traverser une barrière, ou encore l'observateur ; on constate de toute manière que, en physique quantique, les propriétés de l'objet étudié dépendent non seulement de l'objet en lui-même, mais aussi de l'observateur. Le système d'étude comprend à la fois la chose observée et l'observateur, et pas seulement la chose observée comme c'est le cas en physique classique.
2. Le développement de cette idée a conduit au « principe d'Heisenberg » : si une particule de masse m est localisée à l'intérieur d'un intervalle Δx, sa vitesse ne peut pas être connue de manière précise ; elle ne peut être mesurée qu'avec une indétermination Δv, de telle sorte que le produit $\Delta x.\Delta(mv)$ est égal à la constante de Planck, h, divisée par 2π ; ainsi la localisation d'une particule est-elle en réalité reliée à l'indétermination sur sa vitesse plutôt qu'à sa vitesse elle-même.
3. L'ångström correspond aux dimensions atomiques et le fermi aux dimensions nucléaires : voir chapitre 1, note 1, p. 32.

traverser une barrière très énergétique due à la répulsion électrique des noyaux atomiques et de subir ainsi les réactions nucléaires qui représentent le fondement de la formation des éléments dans l'Univers.

Considérons à présent une balle de 100 grammes, lancée à une vitesse de 1 mètre par seconde. La « longueur d'onde de De Broglie » associée est de 10^{-32} mètre, un nombre beaucoup plus petit que la dimension d'un noyau atomique ! La balle est donc parfaitement bien localisée et ne peut pas traverser les murs.

Quant à la Terre sur son orbite[1], la longueur d'onde associée est de 10^{-63} mètre, ce qui devient complètement ridicule : non seulement ce nombre est beaucoup plus petit que la dimension d'un noyau atomique, mais il est aussi immensément plus petit que la plus petite distance concevable dans l'Univers, appelée « longueur de Planck[2] » !

Au contraire, l'indétermination de la position d'un électron à l'intérieur d'un atome est loin d'être négligeable. Dans ce cas, on étudie plutôt l'incertitude correspondante sur l'énergie, qui dépend du type d'atome et de la situation de l'électron considéré. Elle présente des conséquences importantes dans les calculs de structure atomique et de spectroscopie[3].

Revenons enfin à cette femme qui, dans le film, réussissait à traverser un mur. Supposons qu'elle pèse 60 kilos et qu'elle saute avec une vitesse de 1 mètre par seconde. La longueur d'onde associée est de 10^{-35} mètre, aussi petite que la « longueur de Planck », immensément plus petite que les

---

1. La masse de la Terre est $6 \cdot 10^{24}$ kilos et sa vitesse en orbite 30 kilomètres par seconde.

2. 10^{-35} mètre, voir chapitre 3.

3. Voir ci-dessous, « Modèle en couches des atomes ».

noyaux d'atome composant son propre corps ! Le simple fait de respirer conduit à une incertitude sur la vitesse d'au moins quelques centimètres par seconde. Comment oser imaginer que, par un effet quantique semblable à celui qui permet au proton de subir des réactions nucléaires, une femme pourrait un jour traverser un mur ? Il ne faut pas confondre la science et la fiction.

Décohérence

Nous arrivons ici à une question fondamentale dans la discussion des phénomènes quantiques : celle de la cohérence. Nous l'avons vu avec l'expérience des fentes d'Young : si la lumière qui passe à travers chacune des fentes ne provient pas de la même source, les interférences ne se produisent pas. Elles sont gommées par le fait que les paquets d'ondes n'arrivent pas de manière synchronisée. De même, la plupart des objets existant à notre échelle sont composés d'un très grand nombre de particules microscopiques qui ont chacune des mouvements internes aléatoires, non synchronisés. Dans ces conditions, les effets quantiques s'annihilent les uns les autres et n'ont plus d'influence à notre niveau : c'est le phénomène appelé « décohérence ».

Nous sommes constitués d'objets quantiques[1], mais nous ne sommes pas quantiques nous-mêmes. L'ordinateur sur lequel je travaille reste à sa place dans mon bureau et ne

---

1. C'est-à-dire d'objets qui se comportent de manière quantique : nos atomes et toutes les particules élémentaires.

passe jamais de lui-même à l'extérieur. Il peut cependant exister des objets qui se comportent d'une manière quantique, à notre échelle. Pour cela, comme ces objets sont eux-mêmes constitués d'un très grand nombre de particules, il faut que toutes ces particules fonctionnent d'une manière cohérente. Ce n'est pas simple, mais c'est possible : ce sont les superfluides et les supraconducteurs. Pour comprendre cela, il faut descendre encore un peu plus dans les fondements de la matière.

Scintillation

Avant de continuer, nous pouvons comparer ces phénomènes à la scintillation des étoiles, même si la situation est différente. Tout le monde sait que les étoiles scintillent, surtout lorsqu'elles se trouvent près de l'horizon. Contrairement aux effets quantiques que nous venons de discuter, la scintillation n'est pas intrinsèque à l'étoile. Le phénomène se produit dans l'atmosphère terrestre, entre l'étoile et nous. La turbulence de l'air modifie le trajet des rayons lumineux et donne ainsi l'impression que l'étoile bouge très vite de tous côtés. Si l'étoile est bas sur l'horizon, sa lumière traverse une épaisseur d'air plus grande et l'effet est plus important. En revanche, si on les observe depuis une capsule spatiale, les étoiles ne scintillent pas.

Mais pourquoi les planètes ne scintillent-elles pas ? Bien des idées fausses courent à ce sujet. J'ai récemment entendu un enseignant expliquer à des enfants que, si les planètes ne scintillent pas, c'est parce qu'elles réfléchissent la lumière du

Soleil, ce qui n'a rien à voir avec la question ! La raison est que, contrairement à celui des étoiles, le rayonnement qui nous arrive des planètes n'est pas cohérent. Les étoiles sont tellement loin de nous que, même avec le télescope le plus puissant, elles apparaissent encore comme un point brillant : on ne peut pas résoudre leur surface, c'est-à-dire en distinguer les détails. Ainsi le rayonnement nous arrive des étoiles comme d'une source unique. En revanche, les planètes sont beaucoup plus proches de nous et il n'est pas difficile d'observer des parties différentes de leur surface. Le rayonnement qui nous parvient d'une planète ne provient donc pas d'une source unique, mais d'un ensemble de sources constituant sa surface. Chaque partie envoie une lumière qui n'est pas en cohérence avec les autres et ne subit pas exactement les mêmes effets. Lorsque nous la regardons, notre œil intègre tous ces rayonnements dont les fluctuations s'annihilent les unes les autres : c'est la raison pour laquelle la planète ne scintille pas.

Apparence et forme
de la matière

Les objets qui nous entourent, qu'ils soient naturels ou fabriqués par l'homme, se présentent (sauf exceptions) sous l'une des trois formes : solides, liquides ou gazeux. Ils sont formés de composants microscopiques : soit des atomes simples (on les appelle alors des « corps purs »), soit des molécules, ou assemblages d'atomes liés entre eux par des forces appelées « liaisons moléculaires ».

Ces atomes ou ces molécules sont organisés, structurés, agencés pour donner à l'objet son apparence visible. Selon les conditions extérieures, température, pression, densité, un même « corps », c'est-à-dire un même composé atomique ou moléculaire, peut changer de forme. Au-dessous de 0 degré Celsius, l'eau se prend en glace, alors qu'au-dessus de 100 degrés elle se transforme en vapeur. Mais c'est toujours de l'eau, constituée de molécules H_2O, avec deux atomes d'hydrogène associés à un atome d'oxygène.

Dans le cas des solides (la table sur laquelle j'écris), les minuscules atomes sont piégés et retenus par des liens extrêmement robustes. Ils bougent sans arrêt autour d'une position moyenne, comme de petits ressorts, mais cette position est elle-même stable et fixe dans la structure de l'objet. Le solide est bien solide !

En revanche, dans la matière molle (la structure caoutchoutée de mon tapis de souris, par exemple) ou dans les liquides, les liaisons entre les atomes sont moins robustes et permettent les déformations. Dans les gaz, elles deviennent négligeables[1] : les mouvements sont aléatoires, complètement désynchronisés les uns des autres. On peut en avoir une idée en observant la danse des poussières dans un rayon de lumière.

Lorsqu'un liquide devient gazeux en chauffant ou solide en se refroidissant, les atomes restent exactement les mêmes, mais il se produit une modification spectaculaire de la manière dont ils sont reliés entre eux. C'est ce que l'on appelle « transition de phase » ou « changement d'état ». D'une manière générale, il y a compétition entre les liaisons

---

1. Si les liaisons entre atomes sont totalement négligeables, on dit que le gaz est « parfait ».

atomiques qui tendent à structurer l'objet et le solidifier, et les effets de la chaleur qui provoquent des mouvements aléatoires et tendent à le disloquer. À forte température, la chaleur gagne, les atomes se dissocient les uns des autres : le milieu est gazeux. À basse température, les interactions atomiques l'emportent et l'ensemble devient solide.

Bosons et fermions

Si la température continue à diminuer, les atomes ont de moins en moins d'énergie et leurs vitesses deviennent de plus en plus faibles. Dans le cas extrême où la température baisse beaucoup en s'approchant du zéro absolu[1], ou si, ce qui peut donner les mêmes effets, la densité augmente énormément, les particules présentes dans le milieu commencent à s'organiser pour se partager l'énergie disponible[2].

On distingue à ce point deux types de particules, de comportement très différent : les bosons[3] et les fermions[4]. Toutes les particules connues portent un chapeau et se classent soit en boson, soit en fermion : les photons sont des bosons, les électrons, les protons et les neutrons sont des fermions. Les bosons sont très communautaires : ils acceptent de s'installer tous ensemble au niveau d'énergie le plus bas possible. Au contraire, les fermions sont des particules asociales : ils refu-

---

1. Le zéro absolu correspond à −273 degrés Celsius. Il est inatteignable mais on peut l'approcher à une fraction de degré près.
2. On ne parle plus alors des atomes, mais des particules qui les constituent.
3. En l'honneur du physicien indien Satyendranath Bose, 1894-1974.
4. En l'honneur du physicien italien Enrico Fermi, 1901-1954.

sent de partager le même état. C'est le « principe de Pauli[1] » : si un état d'énergie est occupé, les autres fermions doivent choisir d'aller ailleurs.

Les conséquences sont immenses : si tous les bosons se retrouvent exactement dans le même état quantique, celui d'énergie le plus bas, ils deviennent en complète cohérence. Il est alors possible de voir des effets quantiques à notre échelle, ce qui est époustouflant. C'est le cas des superfluides (comme l'hélium à très basse température) qui se sauvent tout seuls du récipient dans lequel on les verse. C'est aussi le cas des supraconducteurs, dont la « résistance électrique » devient totalement nulle : ils ont alors des propriétés étonnantes, comme celle de faire « léviter » les aimants magnétiques[2].

Le principe de Pauli a des répercussions considérables pour la structure de la matière. Il régit l'énergie des électrons dans les atomes, ainsi que celle des protons et des neutrons dans les noyaux atomiques.

---

1. Wolfgang Pauli, 1900-1958, a découvert ce principe en 1924. Cette attitude différente des bosons et des fermions est liée à une propriété particulière, le « spin », apparenté à la rotation des particules sur elles-mêmes. Les bosons ont un spin entier, ce qui leur confère des propriétés de symétrie que les fermions, de spin demi-entier, ne possèdent pas.

2. L'hélium et les supraconducteurs sont en fait constitués de fermions, ce qui semble contradictoire avec ce qui précède. Mais ces fermions ont la propriété particulière de se mettre en couple : deux fermions de spin opposés s'apparient. Ils se comportent alors comme une particule unique de spin entier : deux fermions appariés équivalent à un boson ! Ainsi couplés, les fermions deviennent plus sociaux. C'est ce qui se passe dans les superfluides et dans les supraconducteurs.

Modèle en couches
des atomes

Les atomes sont constitués d'un noyau central entouré d'électrons qui, en vertu du principe de Pauli, ne supportent pas de partager le même état d'énergie. Or les états d'énergie des électrons dépendent de plusieurs paramètres : leur interaction avec le noyau ainsi qu'avec les autres électrons, leur rotation autour du noyau (moment angulaire orbital) et leur rotation intrinsèque (spin).

Les calculs montrent que certains états possibles des électrons dans l'atome ont des énergies très proches : on les regroupe en « niveaux d'énergie », eux-mêmes rassemblés en séries de « couches atomiques ». Il peut y avoir 2 électrons sur la première couche, 8 sur la deuxième, 8 sur la troisième, 18 sur la quatrième, 18 sur la cinquième, 32 sur la sixième[1], etc. On reconnaît les périodicités successives du tableau de Mendeleïev !

L'hydrogène, atome le plus simple de tous, comprend un noyau formé d'un seul proton et un électron. Dans son état fondamental, d'énergie la plus basse, l'électron se trouve sur la première couche. L'hélium, qui vient ensuite dans la table de Mendeleïev, possède deux électrons, qui ont tous deux la possibilité de se placer sur la première couche atomique : on dit alors qu'elle est complète.

Un tel atome est particulièrement stable au niveau de ses propriétés chimiques d'interaction avec la matière. Cette pro-

---

1. Pour les atomes plus compliqués, il peut se produire des interactions entre les couches qui conduisent à des états intermédiaires.

priété se retrouve pour tous les éléments ayant des couches complètes d'électrons : le néon, avec 2 électrons sur la première couche et 8 sur la deuxième, l'argon, qui en ajoute 8 sur la troisième, le krypton avec 18 électrons sur la quatrième couche, etc. On retrouve ainsi la dernière colonne du tableau de Mendeleïev, celle des « gaz rares » ou « gaz nobles ».

En revanche, si un atome possède une série de couches complètes plus un électron, celui-ci est isolé sur la couche suivante[1]. C'est le cas du lithium, du sodium, du potassium, etc. Ces éléments, appelés « hydrogénoïdes » pour leur ressemblance avec l'hydrogène dans leur configuration atomique, ou encore « alcalins » pour leurs propriétés chimiques, se situent sur la première colonne du tableau. Ainsi, les similitudes observées par Mendeleïev pour les éléments d'une même colonne sont-elles maintenant expliquées en termes de structure atomique.

Modèle en couches
des noyaux atomiques

Les noyaux atomiques sont composés de protons et de neutrons (tous appelés « nucléons »), qui sont aussi des fermions. Ils ont donc des états d'énergie déterminés, comme les électrons dans l'atome. Il existe cependant une différence de taille, au sens figuré comme au sens propre, entre l'atome et

---

1. En réalité, les électrons bougent beaucoup et passent sans arrêt d'une couche à l'autre. Notre discussion doit être comprise d'une manière statistique : ce n'est pas toujours le même électron qui se trouve sur la même couche, mais le résultat est le même.

le noyau atomique : dans le noyau, il n'y a pas de corps central autour duquel les autres tournent. Aucune particule interne au noyau n'est privilégiée : elles se comportent toutes de la même manière. Dans l'atome, la force qui s'exerce sur un électron provient du noyau central. Dans le noyau, la force qui s'exerce sur un nucléon provient de l'action de tous les autres nucléons, de manière collective.

Les protons et les neutrons ont chacun leur échelle d'énergie, avec des « couches nucléaires » différentes de celles des électrons dans l'atome. Les nombres de protons et de neutrons qui permettent à un noyau de compléter ses « couches nucléaires » sont appelés « nombres magiques ». Leurs valeurs sont successivement 2, 8, 20, 28, 50, 82, 126... Nous verrons au cours des prochains chapitres l'importance des couches complètes de nucléons pour la stabilité des noyaux et leur formation dans l'Univers.

Le noyau d'hélium 4 par exemple, qui comporte 2 protons et 2 neutrons, possède une double couche complète : celle des protons et celle des neutrons. Il s'agit, pour cette raison, d'un noyau particulièrement stable. De plus, lorsqu'il est neutre, l'atome d'hélium comprend aussi une couche complète d'électrons : il devient triplement magique !

Les interactions fondamentales

Qu'est-ce qui lie les atomes entre eux dans une molécule ? Cette vaste question reçoit, au premier abord, des réponses multiples car les interactions entre atomes sont complexes et dépendent du détail de leurs structures atomiques. Cependant, en descendant un peu plus profond dans la matière, on se souvient que la structure atomique elle-même, c'est-à-dire le comportement des électrons autour du noyau, résulte de l'interaction électromagnétique. Les liaisons moléculaires ne sont donc rien d'autre que des manifestations particulières et variées de la même interaction.

D'une manière générale, la très grande variété de comportement des objets que nous pouvons observer dans la nature résulte finalement de quatre interactions fondamentales. Ce sont, par ordre d'intensité croissante :

— l'interaction gravitationnelle, qui régit les effets de pesanteur, le mouvement des planètes, des étoiles, des galaxies ; c'est aussi l'interaction gravitationnelle qui permet de comprendre la formation, la stabilité et l'évolution des étoiles ;

— l'interaction faible, qui correspond aux phénomènes de radioactivité ; la première réaction nucléaire se produisant dans le cœur du Soleil est une interaction faible, extrêmement plus lente que les réactions nucléaires ordinaires, dites « fortes » : c'est grâce à elle que le Soleil reste stable si longtemps, et que nous pouvons exister actuellement sur la Terre[1] ;

— l'interaction électromagnétique, la plus connue avec l'interaction gravitationnelle, qui permet d'expliquer l'électricité, le magnétisme, la lumière, les interactions moléculaires : celle elle qui régit le comportement des électrons dans les atomes ;

— l'interaction forte, ou interaction nucléaire, qui assure la cohésion du noyau atomique en maintenant les protons et les neutrons, tout en assurant aussi leur cohésion interne puisque c'est elle qui lie entre eux les quarks qui les constituent.

____

1. Voir chapitre 6.

Le plus frappant peut-être lorsque l'on compare ces interactions est l'énorme différence qui existe entre leurs intensités. L'interaction gravitationnelle est 10^{-34} fois plus faible que l'interaction électromagnétique, et 10^{-36} fois plus faible que l'interaction forte ! Imaginons deux protons situés très près l'un de l'autre, à des distances de l'ordre des dimensions d'un noyau atomique. Ils subissent les quatre interactions. Mais l'attirance due à l'interaction forte est 100 fois plus importante que la répulsion due à l'interaction électromagnétique. Quant à l'attirance gravitationnelle qui résulte de leurs masses respectives, il est inutile d'en parler : elle est ultranégligeable !

C'est la raison pour laquelle une pomme verte reste accrochée à la branche d'arbre alors qu'elle tombe lorsqu'elle est trop mûre : la pomme est retenue à l'arbre par les interactions moléculaires qui, nous l'avons vu, sont dérivées de l'interaction électromagnétique, immensément plus intense que l'effet de la gravité. Celle-ci reste totalement négligeable jusqu'à ce que les liaisons moléculaires se cassent par l'effet du pourrissement : alors la pomme tombe et permet à Isaac Newton de construire sa théorie de la gravitation.

À portée de main ?

Mais attention ! un autre phénomène important vient perturber cette discussion : la « portée » des interactions faible et forte. Contrairement aux deux autres interactions, celles-ci n'ont plus aucun effet si les particules sont éloignées d'une distance plus grande qu'une certaine valeur, de l'ordre du fermi (10^{-15} mètre) pour l'interaction forte[1], 1 000 fois plus petite pour l'interaction faible. Si les deux protons dont il était question au paragraphe précédent sont situés à une distance supérieure à la portée, alors l'interaction forte disparaît complètement et les protons se repoussent à cause de leurs charges électriques !

Si deux protons se rapprochent l'un de l'autre, ils doivent d'abord vaincre la répulsion électrique. La plupart du temps, celle-ci leur fait rebrousser chemin à un moment ou à un autre. Mais s'ils réussissent à se rapprocher à moins de 10^{-15} mètre l'un de l'autre, alors ils subissent tout à coup l'interaction forte, 10 fois plus puissante, et ils peuvent ainsi subir une réaction nucléaire[2].

L'interaction gravitationnelle et l'interaction électromagnétique n'ont pas de portée finie. Cela signifie, par exemple, que nous sommes tous soumis à l'attraction gravitationnelle de tous les trous noirs qui existent dans l'Univers. De même, en principe, deux électrons se repoussent quelle que soit leur distance.

Ce n'est évidemment pas le cas dans la réalité. Pourquoi ? Simplement parce qu'il n'est jamais possible que deux objets ou deux particules soient en interaction mutuelle tout en restant isolés du reste du monde. Il existe dans l'Univers énormément d'objets de toutes sortes, du plus microscopique au plus immense, qui sont obligés de cohabiter et s'influencent tous les uns les autres. Le résultat est particulièrement complexe.

---

1. Ce phénomène de portée a une importance considérable pour la structure de la matière, comme nous le verrons au chapitre 5 et suivants.
2. En fait, l'un des protons se transforme alors en neutron, pour donner un noyau de deutérium (voir chapitre 6).

Une masse, deux charges

Les interactions électromagnétique et gravitationnelle présentent une autre différence fondamentale. Il existe deux charges électriques, appelées « charge plus » et « charge moins » : deux charges électriques de même signe se repoussent, deux charges électriques de signes opposés s'attirent. En revanche, il n'existe qu'une seule « charge » pour l'interaction gravitationnelle : la masse. Dans tous les cas, deux « charges gravitationnelles », c'est-à-dire deux objets massifs, s'attirent.

Les conséquences de cette situation sont immenses. Supposons un proton situé quelque part dans l'Univers. Ce proton est forcément entouré d'autres particules de matière. En raison de sa charge positive, il attire des particules de charge négative, essentiellement des électrons. Ceux-ci se rapprochent du proton et le neutralisent de telle sorte que, à partir d'une certaine distance, les autres particules ne « sentent » plus la présence du proton[1]. On retrouve donc ici le phénomène de « portée », sauf que celle-ci dépend du milieu extérieur, ce qui n'est pas le cas pour les interactions forte et faible.

Pour l'interaction gravitationnelle, c'est très différent. En effet, s'il existe une masse de matière quelque part, cette masse attire les masses avoisinantes. Elles ont tendance à se rassembler et la masse totale s'accroît. Ce faisant, elle augmente son pouvoir d'attraction et attire encore plus de matière. Cet effet peut parfois s'amplifier et atteindre ce que l'on appelle la « catastrophe gravitationnelle », c'est-à-dire

---

1. Cette étude est connue sous le nom de « théorie de Debye » et la portée correspondante, dépendante du milieu, est la « longueur de Debye », du nom du physicien Petrus Debye (1884-1966).

que toute cette matière s'effondre sous l'effet de son propre poids. En fait ce n'est pas du tout une catastrophe pour nous puisqu'il s'agit très précisément de la manière dont se forment les étoiles, et que sans les étoiles nous n'existerions pas.

Matière et antimatière

Reprenons notre descente au fond de la matière. Il fut un temps, vers le milieu du XXe siècle, où les physiciens spécialistes des particules élémentaires en découvraient de nouvelles à peu près tous les ans : ce furent les mésons K, les Δ, les Σ, les Ξ, etc. Plus puissants étaient les accélérateurs, plus on découvrait de particules de grande masse.

À chacune de ces particules de matière est associée une particule d'antimatière dont toutes les caractéristiques (charge électrique et autres) sont opposées. Cette antimatière est créée et analysée dans les accélérateurs aussi bien que la matière. Si une particule de matière rencontre la particule d'antimatière qui lui correspond, elles commencent par s'associer d'une manière éphémère en formant ce que l'on appelle un « état lié ». Puis elles disparaissent en s'annihilant mutuellement : il ne reste que des photons de lumière.

Le monde que nous observons est constitué de matière. Où est passée l'antimatière ? Une tentative de réponse sera donnée au cours du chapitre 3.

De plus en plus élémentaire !

La tâche des physiciens fut alors de classer toutes ces particules de la manière la plus astucieuse possible et ils ont brillamment réussi. Leur classification a permis de découvrir que toutes les particules de matière répertoriées sont en réalité des combinaisons de particules encore plus petites, qui peuvent être classées en deux catégories : les quarks, que nous avons déjà rencontrés, et les leptons[1], qui comprennent les électrons et d'autres particules appelées mu et tau, de propriétés très différentes de celles des quarks.

Les quarks et les leptons existent chacun au nombre de six, et sont tous accompagnés de leur particule d'antimatière. Les premiers participent à toutes les interactions, alors que les leptons ne sont pas sensibles à l'interaction forte.

Les particules composées de quarks sont appelées « hadrons[2] ». Elles comprennent les baryons[3], formés de trois quarks, et les mésons[4], formés d'un quark et un antiquark[5]. Les protons et les neutrons, constituants de la matière courante, sont des baryons (et donc aussi des hadrons).

---

1. Du grec *leptos*, léger, faible.
2. De *hadros*, fort.
3. De *baros*, lourd.
4. De *mesos*, milieu.
5. Le quark et l'antiquark qui composent la particule sont de natures différentes ; ils ne s'annihilent pas mutuellement mais forment un « état lié », de durée de vie variable : les mésons sont tous des particules instables.

Particules messagères

« Interaction » signifie « échange ». Lorsque deux êtres interagissent, ils ont une action l'un vers l'autre sous une forme ou une autre : regard, poignée de main, lancer d'un objet, etc. Il en va de même pour les particules : deux particules en interaction échangent quelque chose. Elles se lancent mutuellement un objet, appelé « particule d'échange » ou « particule messagère ». Les particules messagères ont une durée de vie très courte. Elles n'existent qu'au moment de l'interaction. Certaines transforment les particules d'origine, d'autres se contentent de les dévier dans leur trajectoire.

Dans un passé encore récent, les physiciens décrivaient ces phénomènes en termes de « forces » : la force électrique, la force gravitationnelle, etc. Pour les deux autres, il fallait dire « force forte » et « force faible », ce qui pouvait sembler un peu bizarre. Depuis Newton, l'idée que des objets pouvaient agir mutuellement à distance, sans se toucher, était bien ancrée et en même temps difficile à expliquer. À présent, la description des interactions fondamentales, qui ne sont plus appelées « forces », est plus logique.

Imaginez deux barques sur un étang, naviguant à proximité l'une de l'autre. À un certain moment l'un des navigateurs de la première barque lance un ballon vers un collègue assis dans la seconde barque, qui le reçoit dans ses mains. Que se passe-t-il ? Les barques dévient de leurs trajectoires initiales, à cause de l'échange d'énergie liée au ballon. Il y a eu interaction, avec échange de particule.

Chaque interaction fondamentale possède une ou plusieurs particules messagères qui lui sont propres. La plus connue est sans doute le photon, particule de lumière, messagère de l'interaction électromagnétique. L'électricité et la lumière sont intimement liées : lorsque des particules électrisées sont en mouvement, elles produisent de la lumière. Inversement les ondes lumineuses propagent des champs électrique et magnétique : elles sont appelées, pour cette raison, « ondes électromagnétiques ».

« Grande unification »

Les physiciens contemporains sont-ils en train d'atteindre le rêve des alchimistes ? Même s'ils ne sont pas capables de transformer eux-mêmes le plomb en or, ils ont compris, en étudiant les fondements de la matière, comment une telle transformation peut se produire, grâce aux réactions nucléaires.

Le rêve ultime des alchimistes était de découvrir la base de toutes choses, l'objet dont tous les autres dérivent, la « pierre philosophale ». Dans les idées modernes, on ne recherche plus un objet, mais une interaction d'où dériveraient toutes les autres. Les physiciens Sheldon L. Glashow[1], Abdus Salam[2] et Steven Weinberg[3] ont obtenu le prix Nobel en 1979 pour avoir prouvé que, à grande énergie, l'interaction électromagnétique et l'interaction faible forment une interaction unique, appelée « interaction électrofaible ». Il est probable, même si ce n'est pas encore prouvé, que l'interaction

---

1. Né en 1932 (États-Unis).
2. Né en 1926 (Pakistan).
3. Né en 1933 (États-Unis).

forte les rejoint à une énergie encore plus élevée. C'est ce que l'on appelle la « grande unification ». *In fine,* il pourrait y avoir aussi unification avec l'interaction gravitationnelle, ce qui tendrait à la « très grande unification » ou encore la « théorie du tout » : une nouvelle manière de se représenter la pierre philosophale ?

CHAPITRE 3

L'Univers en émergence

J'avais donc oublié cet espace qui luit
Là-bas dans le cristal indigo de la nuit.
Jean de LOST-PIC

La cosmologie, étude générale de l'Univers, a fait d'immenses progrès au cours du XXe siècle. Il y a cent ans, le Soleil était considéré comme le centre du monde. L'Univers connu se limitait à la Voie lactée, que l'on croyait âgée d'un million d'années seulement. Nous savons maintenant que le Soleil est une petite étoile parmi les deux cents milliards d'étoiles de notre Galaxie. Il existe d'innombrables galaxies comme la nôtre, qui s'éloignent de nous d'autant plus vite qu'elles sont loin : l'Univers est en expansion. L'observation de la fuite des galaxies permet de calculer son âge, quatorze milliards d'années, et montre que dans ses tout débuts il était extrêmement chaud et dense. C'est ce que l'on appelle le Big Bang, ou explosion primordiale. Mais comment l'Univers est-il né ? Que s'est-il passé depuis sa naissance ? Quels événements ont permis d'arriver au monde actuel ?

L'impossible temps zéro

Où débuter l'histoire de l'Univers ? On parle souvent de « création » ou d'« origine », ce qui donne l'idée d'un instant initial où tout a commencé. « Et qu'y avait-il avant ? » demande-t-on alors. Cette question suppose *a priori* que le temps est intouchable, indépendant de tout. L'idée sous-jacente est que l'on peut décrire tous les événements, y compris la naissance de l'Univers, en fonction d'un temps dont on ne sait pas trop ce qu'il signifie, sauf qu'il règle nos vies de tous les jours et qu'il nous permet de décrire l'histoire et l'évolution du monde.

Il s'agit d'un abus de langage, car le « temps zéro » n'a jamais pu exister. Il est autant hors de propos de parler d'avant et après la naissance de l'Univers, que de demander à quel endroit s'est produit le Big Bang. La naissance de l'Univers signifie à la fois la naissance intégrale de l'espace et du temps. C'est une affaire bien mystérieuse et il est nécessaire de prendre du recul pour essayer, sinon de comprendre, au moins de « digérer » cette information.

Lorsque l'on parle en général de naissance, par exemple de celle d'un enfant, cela signifie qu'il est « venu au monde » à une époque bien précise que nous pouvons définir, mesurer avec des horloges et des calendriers, en fonction des heures, des jours et des années. Il y a toujours un « avant » et un « après » la naissance, qui change bien souvent les habitudes acquises de longue date par la famille.

Dans le cas de l'Univers, il n'y a pas de « mots pour le dire ». On a envie, par exemple, d'écrire des choses comme : « Avant la naissance de l'Univers l'espace et le temps n'existaient pas. » Mais cela ne signifie rien puisque, s'il n'y avait pas de temps il n'y avait pas d'avant. Ou bien : « L'Univers, avec l'espace et le temps, a émergé du néant. » Mais qu'est-ce que ce néant ? En tout cas, pas un néant préexistant ! Comment se sortir de cet imbroglio ? C'est alors que les astrophysiciens sont aidés par la physique quantique, qui apporte une vision du temps différente de celle à laquelle nous sommes habitués.

Temps et longueur de Planck

La physique quantique montre que le temps ne peut pas être défini d'une manière infiniment précise. L'instant n'existe pas : le temps a toujours une certaine « épaisseur », de la même manière qu'un point dessiné sur une feuille de papier n'a jamais une dimension nulle, contrairement à sa description mathématique. Nous avons montré, au cours du chapitre 2, qu'il n'est pas possible de connaître avec précision à la fois la position et la vitesse d'une particule[1]. De même, la détermination précise de l'énergie d'une particule est reliée au déroulement du temps. On ne peut pas donner une valeur précise de l'énergie à un instant précis. On peut seulement déterminer la valeur moyenne de l'énergie sur un certain

---

1. Cela se comprend bien lorsque l'on sait qu'une particule ne se comporte pas comme une bille, mais comme un « paquet d'ondes » (voir chapitre 2).

intervalle de temps. Plus cet intervalle est grand, plus la valeur trouvée pour l'énergie est précise. Si, au contraire, l'intervalle de temps est plus petit, alors l'indétermination sur l'énergie est plus grande[1].

Lorsque l'on remonte l'histoire de l'Univers vers le passé, on la décrit en fonction du temps, celui de nos expériences journalières. Les calculs mathématiques peuvent alors être menés jusqu'à une origine, une « singularité », où tous les paramètres de l'Univers : pression, densité, température tendent vers l'infini.

Là intervient une importante subtilité quantique : en raison de l'indétermination sur la mesure du temps, et compte tenu de l'énergie énorme régnant dans cet espace aux conditions extrêmes, les calculs ne signifient plus rien lorsque l'on s'approche de cette singularité, car ils « butent » sur une époque où l'indétermination sur la valeur du temps était du même ordre de grandeur que le temps d'évolution lui-même ! Cela signifie que le temps, tel que nous le mesurons habituellement, n'existait tout simplement pas. Il s'agit d'une période d'origine étrange et mystérieuse, non temporelle, qui a finalement débouché sur l'émergence à la fois de l'espace et de la « flèche du temps[2] ».

La particularité acquise par le temps de se dérouler toujours dans le même sens, si importante pour nous, a permis aux hommes de commencer à décrire l'histoire de l'Univers. Mais dans cette histoire, l'origine des temps n'est pas zéro. Lorsqu'elle peut débuter, le temps a déjà une certaine valeur,

____

1. Si l'énergie d'une particule est connue avec une incertitude ΔE, l'incertitude sur le temps est Δt de telle sorte que le produit $\Delta E . \Delta t$ est égal à la constante de Planck, h, divisée par 2π (voir chapitre 2, note 2, p. 48 ; et note 2 p. 49).
2. On parle de « flèche du temps » pour signifier que le temps s'écoule toujours dans la même direction.

que les scientifiques savent calculer : 10^{-43} seconde. Cette valeur est appelée « temps de Planck ».

L'espace non plus n'était pas infiniment petit, lorsque l'histoire de l'Univers a commencé. Au temps de Planck est en effet associée une longueur, obtenue en multipliant le temps par la vitesse de la lumière. On obtient ainsi la « longueur de Planck », égale à 10^{-35} mètre, qui correspond à la plus petite longueur qui puisse jamais être définie dans la réalité du monde qui est le nôtre.

Supercordes et autres branes

Le lecteur est peut-être étonné de ce qui précède, car depuis quelques années les revues scientifiques pour le « grand public » regorgent d'articles du genre « les astrophysiciens ont découvert ce qu'il y avait avant le Big Bang ». Il est évidemment bien difficile de comprendre une situation où le temps n'existe pas, en tout cas ne se déroule pas comme dans notre univers présent. C'est encore plus difficile, peut-être, à expliquer.

Mais le fait est là : les articles à destination du public ne décrivent pas toujours les théories de manière correcte, parce que ce serait trop difficile. Le souci de simplification conduit souvent à exprimer des idées fausses. Ces idées sont ensuite reprises par d'autres, diffusées, arrangées pour « cadrer » dans l'air du temps. À tel point qu'elles risqueraient de prendre le pas sur les théories plus correctes si les chercheurs spécialistes du sujet ne gardaient entière leur vigilance.

Les études sur la naissance de l'Univers, à l'époque où le temps n'existait pas, se situent dans le domaine de la gravité quantique, encore très mal connue. Les théories actuelles supposent que les quatre interactions fondamentales de la physique étaient unifiées, dans le cadre de la « très grande unification[1] ». Comme dans un trou noir, le temps et l'espace n'étaient pas vraiment définis. Il existait sans doute aussi d'autres dimensions[2], qui ne nous sont plus accessibles.

Il s'agissait en quelque sorte d'un hyperespace[3] vide, comportant un grand nombre de dimensions, autres que l'espace et le temps caractéristiques de l'Univers dans lequel nous existons. Mais le vide n'est jamais vide, au sens où nous l'entendons habituellement. Il contient en permanence des structures qui peuvent apparaître et disparaître, et aussi entrer en collision.

Ces structures hypothétiques, préalables à la construction du monde, sont appelées, selon leurs dimensions, cordes ou branes (diminutif de « membranes »). Notre Univers est peut-être issu de l'une de ces collisions entre branes. Selon ce schéma, les nombreuses dimensions de l'hyperespace se seraient ensuite « enroulées » sur elles-mêmes pour laisser l'Univers évoluer selon les quatre dimensions d'espace et de temps que nous lui connaissons actuellement.

---

1. Voir chapitre 2.

2. L'espace comprend trois dimensions : longueur, largeur, hauteur ; le temps vient s'ajouter comme une dimension supplémentaire, l'ensemble prenant alors le nom d'« espace-temps ». Il est très difficile pour nous d'imaginer un espace comprenant un plus grand nombre de dimensions, mais cela peut exister et être décrit précisément d'une manière mathématique.

3. On appelle « hyperespace » un espace comprenant plus de trois dimensions.

Attention danger !

Le lecteur attentif aura, je l'espère, remarqué le défaut majeur de la description qui précède. L'emploi de l'imparfait ne correspond pas à la réalité puisqu'il s'agit de décrire des phénomènes qui se situent dans l'intemporalité ! Mais la langue française fait ici défaut et il est bien difficile d'exprimer par des mots les théories sous-jacentes. Alors, restons attentifs et conscients du danger : attention aux clichés ! N'oublions pas que tout est beaucoup plus complexe que ce qu'il est possible de décrire.

L'intérêt de ces théories sur la naissance de l'Univers réside dans le fait qu'elles sont cohérentes, ou en tout cas qu'elles cherchent à le devenir. Il ne s'agit pas de découvrir ce qu'il y avait « avant le Big Bang », ce qui n'aurait pas de signification. Il s'agit de trouver une explication structurée au phénomène d'émergence, dans un déluge d'énergie, d'un Univers tridimensionnel, dans lequel se produisent des événements qui peuvent dès lors être répertoriés selon une ligne temporelle à direction unique.

Ces théories ne peuvent malheureusement pas être vérifiées par l'observation, et elles ne font plus ou moins que reporter le problème des origines, puisqu'elles supposent que l'Univers n'est qu'une bulle dans un hyperespace qui échappe à tous nos sens. Il ne peut pas y avoir de réponse scientifique complète au problème de la création du monde : si l'on trouve des réponses à certaines questions, elles en suscitent toujours de nouvelles !

L'Univers observable

Revenons à présent dans la réalité de notre Univers, les pieds sur la Terre et la tête, non pas dans les étoiles, mais dans la réalité de l'observation scientifique. Essayons de comprendre clairement ce que les scientifiques déduisent de l'observation du ciel nocturne.

Dans cette étude, l'espace et le temps sont intimement liés. Lorsque nous observons une étoile, nous recevons un rayonnement qui en est parti à une certaine époque et qui a voyagé jusqu'à nous à la vitesse de la lumière, c'est-à-dire 300 000 kilomètres par seconde. Nous voyons donc l'étoile dans le passé, et il est même possible qu'elle n'existe plus à l'heure où nous la regardons.

Un tel événement s'est produit en 1987, lorsque nous avons observé une explosion d'étoile (supernova) dans le Grand Nuage de Magellan. Cette explosion avait, en réalité, eu lieu 168 000 ans auparavant[1], à une époque où, sur Terre, l'*Homo erectus* disparaissait pour bientôt laisser la place à l'homme de Neandertal. Nous étions au paléolithique inférieur, et il faisait très froid, environ 8 degrés de moins en moyenne qu'actuellement[2]. Pendant que cette période glaciaire se déroulait sur la Terre, il n'a fallu que quelques heures à l'étoile en fin de vie pour devenir mille fois plus brillante. Puis, lentement, elle s'est éteinte en éjectant une grande partie de sa matière vers l'extérieur, sous forme de gigantesques anneaux. La vision directe de cette explosion s'est propagée dans l'espace à la

---

1. Distance de la supernova exprimée en années-lumière.
2. Voir par exemple Jean-Claude Duplessy et Pierre Morel, *Gros Temps sur la planète*, Odile Jacob, 1990.

vitesse de la lumière et nous est parvenue comme un magnifique spectacle dans la nuit du 24 février 1987.

Il avait fallu le temps de toute l'évolution humaine depuis *Homo erectus* jusqu'à nous pour que finalement l'information parvienne à notre niveau et que nous ayons la chance de la recueillir au passage. Elle est à présent partie vers d'autres horizons, plus loin dans l'Univers. Ainsi, lorsque nous regardions cette étoile, avant 1987, nous recevions la lumière d'une étoile morte.

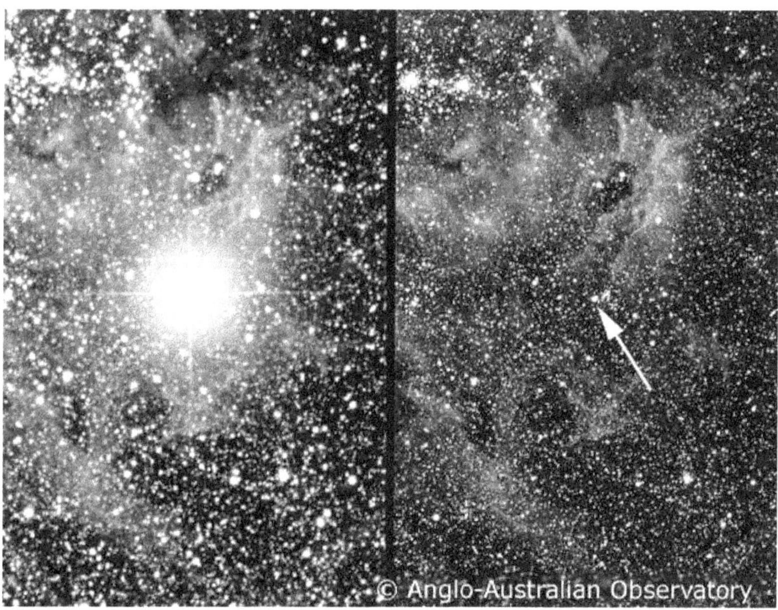

Figure 3-1
Explosion de la supernova observée dans la nuit du 24 février 1987 dans le Grand Nuage de Magellan. La photo de droite montre la position de l'étoile originelle. Celle de gauche montre l'explosion : phénomène spectaculaire qui se produit en quelques heures. Une image récente de ce qui reste de cette supernova après quelques années est donnée au chapitre 7 (Figure 7-4). Mais en réalité, l'explosion avait eu lieu 168 000 ans auparavant ! (Photo Anglo-Australian Observatory.)

C'est vrai pour tout ce que nous observons, sans aucune exception : nous ne voyons jamais le monde tel qu'il est au moment où nous le regardons. Le présent nous est inaccessible ! Nous voyons toujours tout dans le passé, car il a fallu que la lumière parcoure la distance entre les objets et nous. L'effet n'a pas d'importance pour de courtes distances, mais lorsque nous parlons de dimensions astronomiques, cela devient sérieux. Quand nous observons la Lune depuis la Terre, nous la voyons telle qu'elle était une seconde auparavant. Quand nous observons le Soleil, cela fait 8 minutes. La planète Neptune, à peu près 4 heures. Les premières étoiles, plusieurs années. Quant aux galaxies, nous les voyons telles qu'elles étaient il y a des millions ou des milliards d'années, suivant leurs distances.

Le ciel est donc la mémoire de l'Univers. Ce que nous appelons l'« Univers observable », accessible à l'observation, ne correspond pas à l'Univers tel qu'il existe au moment présent, puisque nous observons directement dans le passé. Alors que l'Univers actuel peut être infini[1], l'Univers observable est fini : il a une limite, que l'on appelle « horizon cosmique ». Cette limite vient du fait que l'Univers n'a pas toujours existé.

Les premiers instants

Il arrive souvent que des gens nous demandent : « Croyez-vous au Big Bang ? » Mais le Big Bang n'est pas une croyance,

---

1. Nous ne savons pas si l'Univers existant à notre époque, inaccessible par l'observation, est fini ou infini. S'il est infini, il l'a toujours été et n'est donc pas né comme un « point ». Même si les distances tendent vers zéro losqu'on remonte le temps, le produit mathématique de l'infini par zéro n'est pas zéro : il est indéterminé. Cette indétermination représente bien l'ambigüité de la création, que nous avons déjà mentionnée.

c'est une nécessité scientifique, seule explication possible à l'ensemble des phénomènes observés. Encore faut-il savoir ce que l'on entend exactement par Big Bang. Peu de mots d'origine scientifique ont été autant utilisés en dépit du bon sens, pour exprimer n'importe quel phénomène relatif à une explosion. Nous l'avons vu : la création du monde est inatteignable par l'observation et les théories qui essaient de la décrire sont invérifiables. Ce qui, en revanche, se déduit sans conteste de l'observation des étoiles et des galaxies, c'est que l'Univers, dans le passé, a été très chaud et très dense, qu'il est en expansion et que sa température diminue au cours du temps.

« Pourrez-vous, avec tous vos instruments, voir un jour le Big Bang ? » demande-t-on parfois aux astronomes. La réponse est qu'on le « voit » déjà, le Big Bang, autant qu'il est possible de le voir ! Les radiotélescopes, sur Terre et dans l'espace, observent et étudient depuis plus de quarante ans la première lumière jamais émise par l'Univers primordial. Il s'agit donc bien d'observations directes, concrètes, qui permettent de décrire l'évolution du monde depuis l'émission de ce rayonnement primordial.

Au-delà de cette limite, on ne « voit » plus rien : l'Univers était opaque ! Il existe heureusement d'autres observations, moins directes mais tout aussi sérieuses, qui permettent de sonder les époques antérieures. La formation des premiers éléments en fait partie[1].

Il est donc possible, par l'observation et le calcul, de remonter le temps non pas jusqu'à l'origine, qui est indéfinissable, mais jusqu'à la première époque qui nous est accessible : celle du « temps de Planck ». Nous allons décrire à présent l'évolution de l'Univers depuis ces premiers instants.

---

1. Voir chapitre 9.

À l'époque de Planck

La température était alors de 10^{32} degrés et les particules présentes dans cette « soupe primordiale » affichaient une énergie de l'ordre de 10^{19} giga électron-volts[1]. Il est inutile d'essayer d'exprimer cela en termes compréhensibles dans nos échelles habituelles. C'est immensément grand, voilà tout[2]. Dans l'idée de l'unification des interactions, l'époque de Planck correspond à la séparation entre l'interaction gravitationnelle et les trois autres interactions. On quitte alors le domaine de la gravité quantique. Ce n'est que dans les cas extrêmes (collisions d'étoiles à neutrons ou de trous noirs par exemple) que les effets quantiques de la gravitation peuvent encore se faire sentir[3]. L'ensemble de l'Univers évolue d'une manière continue, en fonction du temps qui prend alors toute sa signification.

Cette séparation de l'interaction gravitationnelle s'est sans doute accompagnée d'une période d'inflation, c'est-à-dire que l'Univers naissant s'est gonflé démesurément en une minuscule fraction de seconde. En effet, lorsque les inter-

---

1. Un électron-volt ou eV est l'énergie d'un électron placé dans un potentiel de 1 volt. Cela correspond à $1,6 . 10^{-19}$ joules. Cette unité est très largement utilisée en physique des particules, où l'on parle de keV (kilo électron-volt, ou 1 000 eV), de MeV (méga électron-volt, ou 1 million de eV), de GeV (giga électron-volt, ou 1 milliard de eV) et même de TeV (téra électron-volts, ou 1 000 milliards de eV).
2. Cela correspond à environ 1 milliard de joules.
3. De tels événements devraient générer des ondes (les ondes gravitationnelles) associées à des particules (les gravitons). Ces particules et ces ondes n'ont encore jamais été détectées, mais plusieurs instruments sont actuellement construits pour cela. Ils nécessitent une technique extrêmement précise, sur de très grandes distances. Ce sont les instruments VIRGO (européen, installé en Italie) et LIGO (américain).

actions sont unifiées, elles recèlent une certaine énergie qui se libère en partie au moment de la séparation de l'une d'entre elles. Cela commence avec l'interaction gravitationnelle, et se produit aussi plus tard, à chaque séparation, avec des conséquences moins importantes[1]. C'est un peu comme un enfant qui lance une balle au loin : le geste de son bras correspond à un transfert d'énergie musculaire à l'objet. Et plus l'énergie avec laquelle il a lancé la balle est grande, plus la balle va loin.

Ainsi, à l'époque de Planck, l'Univers est lancé sur des rails qui mèneront jusqu'à notre propre existence sur la Terre, 14 milliards d'années plus tard (ou plus précisément, selon les mesures actuelles, 13,7 milliards d'années !). Pendant quelque temps encore, les trois interactions fondamentales faible, électromagnétique et forte restent unifiées : c'est la période de « grande unification ».

La fin
de la « grande unification »

Dans notre monde actuel, comme nous l'avons vu au chapitre 2, l'interaction forte s'applique à une famille de particules nommée « baryons », dont font partie les composants du noyau atomique. Plus précisément, elle relie entre eux les quarks qui les constituent. En revanche, l'interaction faible s'applique non seulement aux baryons mais aussi aux « leptons », comprenant les électrons et les neutrinos. Dans toute

---

1. En fait, l'inflation au temps de Planck dépend aussi de la manière dont l'Univers a émergé du « vide quantique », ce qui n'est pas simple du tout !

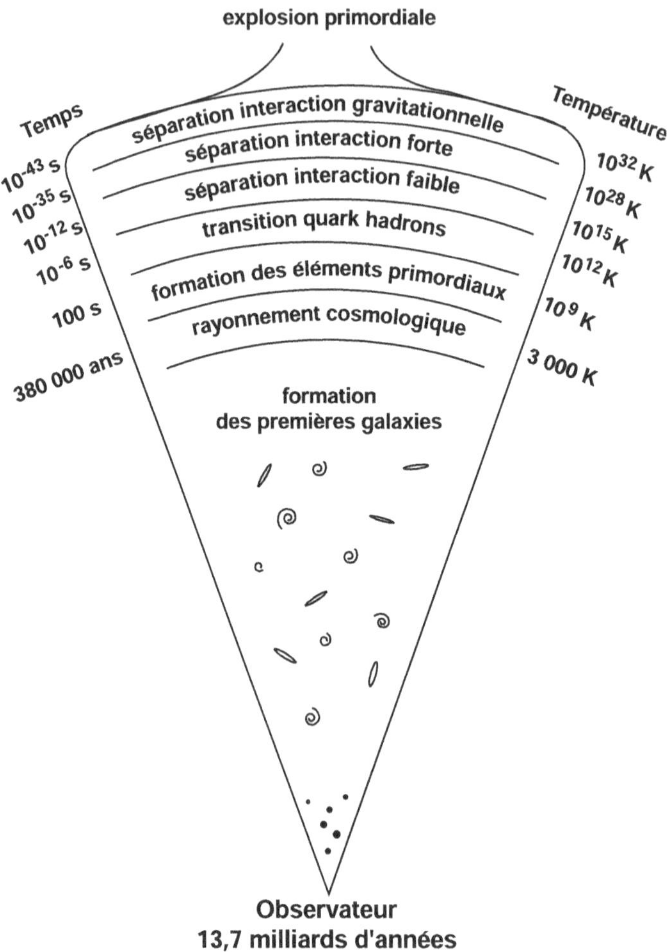

Figure 3-2

Représentation inhabituelle de l'évolution de l'Univers depuis le Big Bang. Tout part de l'observateur, c'est-à-dire nous-mêmes, qui observons la profondeur du ciel et de l'Univers né il y a 13,7 milliards d'années. Nous voyons d'abord les étoiles de notre Galaxie, plus loin les autres galaxies, telles qu'elles étaient quand la lumière les a quittées pour arriver jusqu'à nous. Plus nous regardons loin, plus nous observons le passé… jusqu'à ce que nous arrivions à la première lumière du Big Bang, libérée lorsque l'Univers avait 380 000 ans, et une température de 3 000 degrés (l'échelle est ici donnée en degrés « kelvin » K, voir note 1, p. 90). Cette lumière, rayonnement cosmologique primordial, a voyagé jusqu'à nous en s'étirant et se refroidissant : elle correspond à présent à une température de seulement 2,7 degrés absolus. Au-delà de la première lumière du Big Bang, l'Univers nous est inaccessible par l'observation mais nous pouvons le reconstituer par le calcul. Après l'explosion primordiale, l'espace s'est dilaté rapidement (inflation reliée à la séparation de l'interaction gravitationnelle) puis il a continué à se dilater beaucoup plus lentement. Alors ont eu lieu successivement la séparation des interactions nucléaires forte et faible, la formation des premières particules de matière connue, protons et neutrons (transition quarks-hadrons) et enfin, à 100 secondes, la formation des éléments primordiaux (éléments légers, voir chapitre 9). Ainsi, lorsque nous observons le ciel, ce n'est pas l'Univers actuel que nous découvrons : nous regardons un cône d'espace-temps qui peut se prolonger jusqu'aux origines.

réaction nucléaire, le nombre de baryons et le nombre de leptons après la réaction sont les mêmes qu'avant la réaction (on dit qu'ils sont « conservés »). Ce n'était pas le cas au temps où ces interactions étaient unifiées : des baryons pouvaient alors se transformer en leptons et inversement.

Nous sommes à 10^{-35} seconde, il fait environ 10^{28} degrés et l'énergie moyenne par particule est de l'ordre de 10^{15} GeV[1]. Nous assistons maintenant à la séparation de l'interaction forte par rapport aux deux autres réunies en une seule : l'interaction électrofaible. Il n'y a plus d'échange entre les leptons et les baryons, sauf d'une manière très rare. La séparation des interactions a consisté en une sorte de verrouillage de porte entre les deux. Fort heureusement pour nous, car sinon, la matière dont nous sommes constitués pourrait se désintégrer en un temps record !

---

1. Voir note 1, p. 80.

Mais les interdictions sont toujours un peu violées : celle-ci n'y échappe pas. Les physiciens ont calculé qu'un proton devrait actuellement se désintégrer au bout de 10^{29} ans (c'est-à-dire dix milliards de milliards de fois l'âge de l'Univers actuel). Pas de danger pour nous !

Mais même si cette disparition très lente des protons, prédite par la théorie, n'est pas inquiétante pour nous, il importait d'essayer de la vérifier pour mieux comprendre l'évolution de l'Univers. Aussi extraordinaire que cela puisse paraître, une telle durée de vie est mesurable. Il suffit d'observer en même temps un nombre gigantesque de protons pour avoir la chance, statistiquement, d'observer au moins une désintégration par an. L'expérience a été menée dans le tunnel de Fréjus, près de Modane. Le résultat n'est pas très bon pour les physiciens : il montre que le proton est beaucoup plus stable que prévu. Sa durée de vie mesurée est supérieure à 10^{32} ans ! Il faut donc améliorer la théorie et les chercheurs ne sont pas encore au bout de leur peine.

Disparition de l'antimatière

D'après les observations actuelles, l'Univers est composé de matière : des particules d'antimatière peuvent exister à tout moment, essentiellement dans les accélérateurs de particules ou dans les rayons cosmiques, mais leur durée de vie est très courte, car elles s'annihilent très vite en rencontrant de la matière. Il y a quelques décennies, certains physiciens dont Roland Omnès[1], de l'université d'Orsay, ont suggéré que l'Uni-

---

1. Physicien théoricien, professeur émérite à l'université Paris-XI-Orsay.

vers pourrait contenir des galaxies d'antimatière aussi bien que des galaxies de matière. Mais cette théorie ne résiste pas aux observations : si c'était le cas, il devrait exister des zones d'annihilation aux frontières entre les régions de matière et d'antimatière, avec une énorme production de « rayons gamma[1] », ce qui n'a jamais été observé. S'il y avait de l'antimatière dans les premiers instants de l'Univers, elle s'est évanouie.

D'après toutes les théories existantes, il est logique de penser que la matière et l'antimatière se trouvaient en quantité égale dans les tout premiers instants de l'Univers primordial. Que s'est-il donc passé pour que l'antimatière disparaisse ? Un élément de réponse nous est fourni par la physique des particules, à la suite d'une idée émise en 1967 par le physicien russe Andrei Sakharov[2].

Il arrive que certaines par ticules étudiées par les physiciens présentent une petite différence de comportement par rapport à leurs propres antiparticules, alors qu'on s'attendrait *a priori* à une symétrie parfaite. Ce phénomène, bien compris des spécialistes, est précisément observé pour des particules appelées « kaons ». Il peut conduire à ce que, selon les circonstances, les particules soient un tout petit peu plus nombreuses que leurs antiparticules, ou l'inverse. La symétrie matière-antimatière est alors rompue : un milieu comportant à l'origine autant de l'une que de l'autre se retrouve avec une toute petite différence entre les deux.

---

1. Les « rayons gamma » se propagent dans l'espace à la vitesse de la lumière. Ce sont des ondes électromagnétiques, comme la lumière visible, mais avec des longueurs d'onde beaucoup plus petites, allant du « picomètre » (10^{-12} mètre, c'est-à-dire un millionième de millionième de mètre) au « femtomètre » (10^{-15} mètre, soit mille fois plus petit que le précédent). Les rayons gamma sont fort heureusement arrêtés par l'atmosphère terrestre, sinon nous ne pourrions pas exister car ils détruisent les molécules. Il faut donc envoyer des instruments dans l'espace pour pouvoir les observer.
2. 1921-1989.

Sakharov a montré qu'un tel phénomène a pu se produire à la fin de la période de « grande unification ». Des particules massives appelées X, particules messagères dans le cadre de l'unification de l'interaction forte avec les deux autres, auraient alors disparu en laissant dans le milieu ambiant un tout petit peu plus de quarks que d'antiquarks. On peut calculer que, pour expliquer l'univers actuel, il a fallu un quark supplémentaire pour 30 millions. C'est-à-dire que pour 30 millions d'antiquarks il y avait 30 millions-plus-un quarks. Nous serions les descendants de ce quark supplémentaire !

Séparation électrofaible

Nous arrivons à des énergies de l'ordre de 300 GeV, accessibles aux grands accélérateurs (comme le LEP et le LHC au CERN[1]) et donc à l'expérimentation. Nous pouvons maintenant désigner la température en des termes accessibles à la compréhension : 3 millions de milliards de degrés. Nous en sommes à 10^{-12} seconde, soit un millionième de millionième de seconde. La densité, d'environ 10^{26} grammes par centimètre cube, est encore très supérieure à la densité nucléaire. C'est celle qu'aurait la Terre entière si elle était concentrée à l'intérieur d'une bille ! Il n'y a pas encore de protons ni de neutrons, mais des quarks libres et des électrons.

---

1. Le LEP : *Large Electron Proton Collider*, a permis la découverte des particules d'interaction faible W⁺, W⁻ et Z^0 avec une énergie de masse de 80 GeV pour les W et 91 GeV pour le Z^0. La découverte de ces particules par l'équipe de Carlo Rubbia a apporté la preuve de l'existence de cette transition electrofaible. Carlo Rubbia a reçu le prix Nobel pour cette découverte en 1984. Le LEP ne fonctionne plus et a laissé la place au LHC (*Large Hadron Collider*), accélérateur d'avenir.

Alors se produit la séparation entre l'interaction faible et l'interaction électromagnétique. Les quatre interactions fondamentales de la physique sont séparées et continuent dès lors leurs actions à titre individuel.

La formation des premiers éléments

Au bout d'un millionième de seconde, à une énergie de 100 MeV et une température de 1 000 milliards de degrés, les quarks se rassemblent trois par trois pour former des protons et des neutrons, ou bien deux par deux (plus précisément un quark et un antiquark) pour former des « mésons[1] ». À l'époque, les neutrons sont moins nombreux que les protons pour des raisons d'équilibre statistique, en raison du fait que les neutrons ont une masse plus grande que celle des protons[2].

Il faudra encore attendre 100 secondes (une éternité par rapport aux échelles de temps jusqu'ici considérées !) pour que les neutrons puissent commencer à s'assembler avec des protons et former les premiers noyaux atomiques de deutérium.

C'est le début de la « nucléosynthèse primordiale », au cours de laquelle se sont formés les premiers éléments. À 100 secondes, l'énergie par particule est de 100 KeV, et la tem-

----

1. Voir chapitre 2.
2. Parmi toutes ces particules, seuls les protons sont stables ; la durée de vie moyenne des neutrons libres est d'environ un quart d'heure, temps au bout duquel ils se transforment en protons ; mais dans l'Univers primordial, tout va très vite et les neutrons s'associent à des protons en quelques minutes, bien avant de disparaître ; une fois liés aux protons dans les noyaux atomiques, ils deviennent stables (voir chapitre 9).

pérature de 1 milliard de degrés. Nous verrons que l'Univers a tout juste le temps de former le deutérium, les deux isotopes d'hélium et le lithium 7, et stop ! il ne fait plus assez chaud pour continuer à former des éléments plus lourds. Cela s'arrête, et il faudra attendre l'existence des premières étoiles pour que la formation des éléments puisse reprendre.

L'ensemble de tous ces processus est cohérent comme les pièces d'un puzzle qui se mettent en place : les éléments formés au début de l'Univers sont justement ceux qui ne peuvent pas être formés dans les étoiles, en tout cas pas dans les proportions observées. En revanche, ces proportions correspondent précisément à celles de l'Univers primordial : le résultat est si spectaculaire qu'il est considéré comme l'une des « preuves » du Big Bang[1].

La première lumière
du Big Bang

Dans ses premiers instants, pendant toutes les périodes que nous venons de décrire, l'Univers était très chaud et très dense. Il y régnait partout une lumière intense, en raison de la chaleur, mais cette lumière n'avait pas la possibilité de se propager. Aussitôt émise, elle se trouvait absorbée sur place, en raison de la très grande densité. On dit que l'Univers tout entier était opaque aux rayonnements, comme un gros nuage dense devant le Soleil. Puis à un certain moment, la densité diminuant, la lumière a commencé à pouvoir se propager

---

1. Cette formation des premiers éléments est présentée en détail au chapitre 9.

dans l'espace. L'Univers est devenu transparent lorsque la lumière a quasiment cessé d'interagir avec la matière[1].

Cette séparation de la lumière et de la matière s'est produite alors que l'Univers avait déjà 380 000 ans. La température était de 3 000 degrés. La lumière qui baignait tout l'Univers, ou rayonnement cosmologique primordial, avait une couleur jaune orangé. Que lui est-il arrivé par la suite ? L'expansion et le refroidissement ont conduit à une augmentation de toutes les longueurs d'onde du rayonnement et une diminution de son énergie. La lumière orangée est devenue rouge, puis infrarouge, puis elle est passée dans le domaine des ondes radioélectriques.

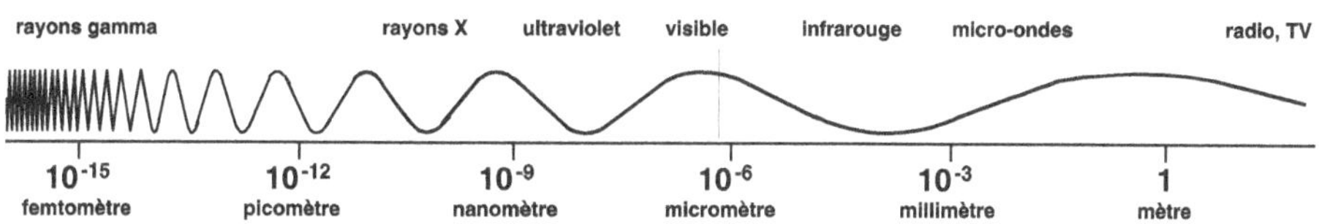

Figure 3-3
La lumière visible à l'œil humain ne représente qu'une toute petite partie des ondes électromagnétiques, qui vont des rayons gamma jusqu'aux ondes radioélectriques, en passant par les rayons X, l'ultraviolet, l'infrarouge et les micro-ondes. Toutes ces ondes voyagent à la vitesse de la lumière. Mais les ondes gamma sont plus « serrées » que la lumière visible (petites longueurs d'onde) et les ondes radioélectriques plus « dilatées » (grandes longueurs d'onde, de l'ordre du mètre !). Dans l'Univers, les ondes électromagnétiques émises par les objets célestes (étoiles, galaxies, rayonnement primordial) se dilatent à mesure de l'expansion de l'espace : elles nous arrivent moins « serrées » qu'à leur origine. C'est l'explication du « décalage vers le rouge » de la lumière des galaxies. C'est aussi la raison pour laquelle le rayonnement primordial de l'Univers, très brillant à l'origine, nous parvient à présent dans le domaine des ondes radioélectriques.

---

1. Cette idée avait été proposée dès 1930 par le physicien Georges Gamow (1904-1968).

À présent la longueur d'onde correspondant au maximum d'intensité est de l'ordre du millimètre, ce qui est observable en radioastronomie. La température est passée de 3 000 à 2,73 degrés absolus[1]. Ce rayonnement primordial a été détecté par hasard en 1965 par deux ingénieurs de la compagnie des téléphones Bell, A. Penzias et G. Wilson[2], grâce à des antennes de réception de satellites. Il est à présent étudié de manière très précise.

Le fait que l'Univers soit transparent est évident, puisque nous pouvons voir les étoiles et les galaxies très loin, partout dans l'espace. Mais à une distance de l'ordre de 14 milliards d'années-lumière, l'Univers devient opaque et nous « tombons » sur le rayonnement primordial, dans toutes les directions. Même si l'Univers réel est infini, nous sommes pratiquement enfermés au centre d'une grande sphère complètement bouclée par la première lumière du Big Bang : c'est la limite de l'Univers observable.

Fluctuations primordiales

L'étude détaillée de la première lumière du Big Bang, ou rayonnement cosmologique primordial[3], est fondamentale pour mieux comprendre l'origine du monde. Plusieurs satelli-

---

1. Le zéro de l'échelle Celsius, correspondant à la transition de l'eau liquide en glace, échelle habituelle de nos mesures de température journalières, correspond à 273 degrés absolus. En astronomie, toutes les mesures de température sont données en degrés absolus (ou degrés Kelvin).
2. Ils ont obtenu pour cela le prix Nobel en 1978.
3. Les astrophysiciens l'appellent aussi « bruit de fond cosmologique » ou CMB d'après les initiales anglaises *Cosmological Microwave BackGround.*

tes et ballons stratosphériques internationaux ont été récemment lancés dans l'espace, dans le but de l'observer d'une manière plus précise : Cobe, WMAP, Boomerang, Maxima... D'autres vont bientôt suivre, comme le satellite Planck, projet de l'Agence spatiale européenne.

Les observations précises montrent que le rayonnement primordial, de température moyenne 2,73 degrés absolus, présente de petites fluctuations de 1 cent millième de degré. C'est extrêmement peu, mais ces infimes variations de température, qui correspondent à des variations de densité aussi infimes, ne sont rien d'autre que les embryons, les prémices, de ce qui plus tard deviendra les galaxies.

Il semble que les premières étoiles et les premières galaxies se soient formées très tôt après l'émission du rayonnement primordial. Quelques centaines de millions d'années seulement, alors que l'Univers est maintenant âgé de 14 milliards d'années ! La raison pour laquelle il est possible d'obtenir des formes structurées, d'une manière naturelle, à partir d'un chaos originel n'est pas évidente. Dans la nature, telle que nous la connaissons, à notre échelle, tout finit toujours par se désintégrer, à plus ou moins long terme. Lorsqu'il existe quelque part des différences de structures, des variations, et que nous laissons la nature agir tranquillement, les différences s'amenuisent d'elles-mêmes pour donner finalement quelque chose d'uniforme. Ainsi, les physiciens du XIXe siècle pensaient que l'avenir de l'Univers était l'uniformité. D'après eux, l'Univers s'acheminait inexorablement vers ce qu'ils appelaient la « mort thermique », état où tout serait uniforme et figé[1]. Et pourtant,

---

1. Cette discussion est reliée à la notion d'« entropie », elle-même liée à l'idée de désordre. Dans la nature, à notre échelle, les structures organisées disparaissent alors que l'entropie augmente. En revanche, aux échelles astronomiques (étoiles, galaxies), l'inverse se produit : l'espace devient de plus en plus structuré

dans l'Univers, il se passe tout le contraire : le chaos n'est pas l'avenir, c'est le passé. Comment est-ce possible ?

Cette situation *a priori* paradoxale résulte d'une propriété tout à fait particulière de l'interaction gravitationnelle, très différente des autres interactions, que nous avons déjà mentionnée au chapitre 2 : la matière attire la matière, et plus il y en a, plus l'effet est grand. Or, dans un milieu uniforme (le chaos originel), il existe toujours des fluctuations, c'est-à-dire des endroits un peu plus denses alors que d'autres le sont moins. Cela change tout le temps : à un instant ultérieur les endroits denses se dilatent et les autres se contractent. Mais il est possible qu'une concentration de matière, à un certain moment, soit tellement dense qu'elle s'effondre sur elle-même sous l'effet de son propre poids : une nouvelle structure s'est alors formée spontanément.

C'est ainsi que naissent les étoiles et les galaxies. Mais ce n'est pas facile ! Les grumeaux originels doivent être suffisamment concentrés pour que cela devienne irréversible. De plus, l'espace où cela se produit est en expansion… Heureusement, l'effet de la gravité, qui produit les condensations de matière, domine l'effet de l'expansion sous certaines conditions. Les scientifiques ont montré que, pour arriver à former des galaxies en quelques centaines de millions d'années seulement après le rayonnement primordial, l'Univers doit être plus dense que ce que l'on déduit des observations directes. La « matière noire » est fondamentalement nécessaire à ce niveau pour expliquer l'évolution du monde[1].

---

mais l'entropie ne diminue pas. Elle reste presque constante, avec une très petite augmentation (voir *La Symphonie des étoiles, op. cit.*).

1. Nous reviendrons sur le sujet de la « matière noire » au chapitre 9.

Où en est l'Univers à présent ?

Où en est l'Univers à présent ? Est-il en expansion ? Est-il décéléré ? Accéléré ? Qu'est-ce que la matière noire ? L'énergie sombre ? Qu'y a-t-il de vrai là-dedans et qu'est-ce que cela signifie ?

L'Univers est en expansion, c'est indéniable. Cela ne veut pas dire que notre monde se dilate dans « autre chose », comme un ballon de baudruche que l'on gonfle dans l'air ambiant. Cela signifie essentiellement que, en moyenne, toutes les distances augmentent au cours du temps. Imaginez que les galaxies soient fixées par rapport à un espace qui, lui, se dilate. Supposons qu'à une certaine époque, disons un milliard d'années, une galaxie émette un rayonnement, c'est-à-dire une onde qui se propage dans l'espace. Le temps qu'elle parvienne jusqu'à nous, cette onde parcourt des distances qui augmentent au cours du temps et sa longueur d'onde augmente en proportion. C'est l'interprétation naturelle du fameux décalage vers le rouge du rayonnement des galaxies[1], qui prouve que l'Univers est en expansion.

L'Univers naissant possédait déjà une grande énergie originelle, dont on ne peut pas connaître précisément la provenance[2]. Cette énergie initiale est sans doute la grande respon-

---

1. Contrairement à une idée très répandue, il ne s'agit pas vraiment d'un « effet Doppler », c'est-à-dire qu'il ne faut pas considérer que les galaxies se déplacent avec une certaine vitesse par rapport à nous comme une ambulance que l'on croise dans la rue. Pour des galaxies proches, les deux interprétations (Doppler et cosmologique) donnent les mêmes résultats. Ce n'est plus le cas pour les galaxies situées aux confins de l'Univers.
2. Peut-être, selon les théories modernes, était-ce le résultat d'une collision de branes.

sable de l'expansion universelle. L'évolution ultérieure dépend de l'attirance des galaxies entre elles, sans oublier l'effet de la matière que l'on ne voit pas. L'idée générale, couramment admise jusqu'à une époque très récente, était donc que l'expansion se ralentissait au cours du temps, à cause de l'effet de l'interaction gravitationnelle[1].

Voilà que, depuis quelques années, il s'est produit un revirement. En mesurant précisément les distances des galaxies lointaines, par la méthode particulière des « supernovæ de type Ia[2] », un groupe de chercheurs internationaux a trouvé que l'Univers est, au contraire, en train de s'accélérer. Ce résultat étrange ne peut s'expliquer que s'il existe une autre sorte d'énergie dans l'Univers, l'énergie dite « sombre », dont l'effet serait opposé à celui de la gravité. Cette énergie, parfois appelée « quintessence[3] », aurait eu un effet négligea-

---

1. Les galaxies s'attirent à cause de leur masse, mais en général cette attirance est plus faible que l'effet de l'expansion : elle conduit uniquement à la ralentir. Il existe cependant des cas particuliers, comme celui de la galaxie d'Andromède, où l'effet gravitationnel est plus important. La galaxie d'Andromède et notre propre galaxie, la Voie lactée, se rapprochent l'une de l'autre et risquent d'entrer en collision, dans quelque cinq milliards d'années. Ceci n'est pas en contradiction avec l'expansion générale de l'Univers. C'est comme des abeilles dans un essaim qui s'éloigne : il y a parfois des individus qui se rapprochent, mais il n'empêche que l'essaim s'éloigne globalement.

2. Dans le jargon des astronomes, les étoiles qui explosent à la fin de leur vie sont appelées « supernovae de type II ». Une supernova de type Ia est en fait une étoile double « serrée », c'est-à-dire deux étoiles très proches l'une de l'autre, si proches qu'elles peuvent même échanger de la matière. Dans certaines circonstances, l'une des deux explose après avoir été trop inondée de matière venant de sa compagne. L'intérêt de ces étoiles est qu'elles explosent toutes de la même manière, avec la même émission de lumière : si l'on en observe une dans une galaxie lointaine, il suffit de mesurer le rayonnement que l'on en reçoit pour en déduire sa distance par comparaison avec le rayonnement émis, connu d'avance car il est toujours le même.

3. Les astrophysiciens ne savent pas d'où provient cette « énergie sombre », qui doit avoir un effet opposé à celui de la gravité ; le nom de « quintessence » est donné à un phénomène quantique lié au vide qui pourrait en être la cause ; les observations du rayonnement cosmologique primordial montrent que l'Univers

ble depuis l'origine de l'Univers jusqu'à une période récente. Elle aurait augmenté au cours du temps de telle manière que, de nos jours, elle serait devenue prépondérante.

Ainsi l'Univers visible ne représenterait-il qu'une petite partie de la réalité. Pour rendre compte des observations, il faudrait que la matière dont nous sommes faits et que nous connaissons autour de nous ne représente que quelques pour-cent de la matière existant réellement dans l'espace. Nous ne serions qu'un épiphénomène dans un bain de matière noire inconnue. De plus, une énergie nouvelle, l'énergie sombre, tout aussi inconnue, viendrait s'opposer à l'effet de la gravité pour accélérer l'Univers actuel.

Le scénario original de la formation du monde est donc en train de se reconstruire grâce aux observations et aux calculs des chercheurs scientifiques. La formation des premiers éléments s'inscrit dans cette évolution et, nous le verrons au chapitre 9, constitue un événement fossile et une aide précieuse dans le cadre de cette « reconstitution historique » de l'Univers.

---

est composé de 4 % seulement de matière « ordinaire » (celle que nous connaissons), 23 % de matière « exotique » (encore inconnue) et 73 % d'énergie sombre (voir chapitre 9).

CHAPITRE 4

La mesure des éléments

Allez-y ! Programmez, compartimentez,
Orientez, planifiez les recherches futures !
Rira bien qui rira le dernier...
Citrate de SILDÉNAFIL[1]

De nos jours on ne rit plus assez ! Où sont passés les grands et francs éclats de rire qui secouent le corps entier, étourdissent, libèrent les tensions, pour finalement se fondre dans une délicieuse vague de bonheur partagé ? Que sont devenues les grandes tapes dans le dos, scellant le pacte de l'amitié entre les êtres ? De nos jours on boude, dans une tristesse généralisée, une morosité ambiante, un environnement pesant, une vie canalisée par une société à laquelle on ne croit plus. On se sent cloisonné, enfermé, saucissonné, et dans le même temps on exige de plus en plus. Résultat ? La

---

1. L'idée de cette plaisanterie m'est venue en lisant la thèse de Ch. Osswald, *Classification, analyse de la similitude et hypergraphes*, ENST-Bretagne.

déprime, le mal-être, la rupture. Le remède ? Les providentiels médicaments, les « molécules du bonheur[1] » découvertes ou synthétisées en laboratoire et dont les propriétés parfois inattendues réussissent à alléger le poids de la vie lorsque nos frêles épaules n'arrivent plus à le porter.

Que peuvent cacher ces noms sonnants et trébuchants, qui parfois sifflent et frappent comme une flèche au cœur de la cible[2] ? Des molécules essentiellement constituées de carbone, azote, oxygène et hydrogène ! Il est étrange et fascinant de constater à quel point des combinaisons différentes de ces quatre éléments peuvent conduire à des propriétés pharmaceutiques sans aucune commune mesure. Un exemple étonnant se trouve dans cette molécule officiellement appelée Viagra[®3], dont l'action inattendue sur des enzymes du nom de « phosphodiestérases » (PDE) permet de prolonger le relâchement des muscles entourant les vaisseaux sanguins de la partie intime de l'homme. Les nombreux utilisateurs de cette molécule savent-ils qu'elle est formée d'éléments chimiques synthétisés dans les étoiles, avant la naissance du Soleil et de la Terre ?

Célébrités moléculaires

Les techniques utilisées en recherche médicale pour découvrir les effets de nouvelles molécules consistent à procé-

---

1. Voir *La Recherche*, hors série, n° 16, août 2004.
2. L'origine du nom Prozac[®] vient précisément de « Pro » pour professionnel et « zac », onomatopée du bruit de la flèche qui se plante dans la cible.
3. Pfizer Inc.

der par essais-erreurs : on part de molécules connues et on les modifie, en ajoutant ou retranchant des atomes, ou encore en forçant les atomes à s'organiser, se combiner de manière différente. Les chercheurs ont en général une intuition qui les incite à chercher dans telle ou telle direction. Mais la nature leur réserve bien des surprises : les essais effectués sur des animaux ou des êtres humains « cobayes volontaires » montrent parfois des propriétés totalement inattendues.

Ce fut le cas du citrate de sildénafil[1] dont la molécule, qui pèse 666,7 fois le poids d'un atome d'hydrogène, comprend en tout 28 atomes de carbone, 6 atomes d'azote, 11 atomes d'oxygène, 38 atomes d'hydrogène et en plus, tout seul, 1 atome de soufre. Les chercheurs des laboratoires Pfizer l'avaient synthétisée dans le but de créer un nouveau médicament contre l'hypertension, puis contre l'angine de poitrine. Ils ont finalement débouché avec surprise sur une indication toute autre : la capacité érectile de l'homme.

C'est ici une nouvelle preuve que la recherche scientifique, qui doit nécessairement être programmée, doit aussi avoir la liberté de dévier de son programme initial. Cette liberté est fondamentale pour l'efficacité du processus de recherche, qui fonctionne essentiellement par surprise et créativité. Le chercheur sait ce qu'il cherche et pourquoi il le fait, mais ce qu'il trouve lui procure souvent un étonnement sans borne.

Une autre molécule, récemment synthétisée, présente des propriétés d'inhibition de la protéase du VIH-1, autrement dit des propriétés antisida : c'est l'amprénavir, dont le nom public est Agenerase®. Cette molécule si différente, dans

---

1. Nom scientifique du Viagra.

ses effets, du citrate de sildénafil, comprend 25 atomes de carbone, 3 atomes d'azote, 6 atomes d'oxygène, 35 atomes d'hydrogène et en plus, tout seul, 1 atome de soufre. Présentée ainsi, la similarité apparente des deux molécules est étonnante, mais ce n'est qu'un leurre, qui montre à nouveau à quel point les propriétés du tout ne se résolvent pas à celles des parties. Les capacités curatives d'une molécule dépendent de leur organisation interne, de la manière dont les atomes qui la composent sont reliés entre eux, tout autant que de ces atomes eux-mêmes. Une fois la molécule synthétisée, les propriétés atomiques individuelles disparaissent pour laisser place aux propriétés émergentes, souvent inattendues.

Il ne faut donc pas s'étonner que les chercheurs en médecine ne puissent pas deviner à l'avance de manière inéluctable les propriétés de leurs nouvelles créations : celles-ci se révèlent d'elles-mêmes à leurs yeux étonnés, après de nombreux tests. C'est un peu comme les rakus[1], ces poteries japonaises cuites de manière brutale, rapidement et à très haute température, de telle sorte que leur créateur ne sait jamais précisément à quoi elles vont ressembler à leur sortie du four. La relation entre l'artiste et l'objet est ainsi à double sens, l'objet ne se laissant pas emprisonner dans une conception rigide préprogrammée.

---

1. Prononcez « racou » ; ce sont des poteries destinées aux cérémonies du thé ; leurs propriétaires les gardent enfermées en permanence, avec respect, dans une boîte en bois pour les sortir uniquement au moment des cérémonies.

Le NO et la procréation

Revenons, pour la dernière fois, au citrate de sildénafil, décidément très instructif. Son histoire a permis une découverte étonnante : l'importance pour l'homme du radical NO, ou « monoxyde d'azote ». Qu'est-ce que le NO ? La simple combinaison d'un atome d'azote avec un atome d'oxygène, les deux éléments les plus abondants de l'atmosphère terrestre ! Cette combinaison céleste joue dans l'organisme un rôle de vasodilatateur, de modulateur de transmission nerveuse... et elle est apparemment essentielle dans le processus érectile. Pas de NO, pas d'érection ! Pas d'érection, pas de procréation. Ainsi, dès avant la naissance, l'existence même de l'être humain est liée aux éléments cosmiques.

Plus tard, lorsque le stress ambiant aura provoqué chez lui un violent mal de tête, l'homme prendra de l'aspirine (neuf carbones, quatre oxygènes, huit hydrogènes) ou du paracétamol (huit carbones, deux oxygènes, onze hydrogènes, un azote). Pourquoi la seconde molécule provoque-t-elle moins de maux d'estomac que la première ? Mystère ! Surprise aussi, l'action de la fluoxétine[1], mieux connue sous le nom de Prozac®, qui semble bien aider à surmonter la dépression, même si son action est parfois contestée.

---

1. La fluoxétine (Prozac®) comprend 17 atomes de carbone, 18 atomes d'hydrogène, 3 atomes de fluor, 1 atome d'azote et 1 atome d'oxygène.

Oligoéléments

Mais ce livre n'est pas un cours de médecine. Ces exemples servent uniquement à montrer à quel point la nature est à la fois simple et complexe. Toute analyse de la matière peut se réduire aux éléments chimiques de base ; cependant les propriétés des substances et des molécules qui les constituent dépendent tout autant de la manière dont ces éléments sont organisés et reliés entre eux, que des éléments eux-mêmes.

Le corps humain est principalement constitué de trois éléments, l'hydrogène et l'oxygène essentiellement combinés sous forme d'eau, et le carbone, élément de base du vivant. S'y ajoutent un certain nombre d'éléments associés au carbone dans les molécules organiques les plus courantes, comme l'azote et le soufre. Le calcium intervient en quantité importante dans le squelette. Le sodium et le chlore sont aussi présents sous la forme du sel ordinaire, de formule NaCl. Des soupçons d'autres éléments, souvent appelés « oligo-éléments[1] », existent aussi en faible quantité. Ils sont rares mais fondamentaux pour l'équilibre corporel et la santé. Leur déficit conduit à des troubles connus : des crampes en cas de manque de magnésium, des problèmes de mémoire en cas de manque de phosphore, et tous ces « petits maux » bien répertoriés dans les centres de médecine naturelle. Mais il faut se méfier : certains de ces éléments, bénéfiques en faible quantité, deviennent toxiques à haute dose.

Les éléments rares chez l'homme sont rares aussi dans la nature, comme nous allons le voir. Après tout, il n'est pas

---

1. Ce qui signifie « éléments rares ».

étonnant que le corps des êtres vivants soit constitué des éléments les plus abondants de l'Univers. N'est-ce pas à nouveau la preuve du caractère cosmique de notre destinée ?

Abondances naturelles des éléments

Le but que nous nous sommes fixé consiste à découvrir et comprendre comment, où et quand les éléments chimiques qui nous constituent, nous et notre environnement, ont été formés dans l'Univers. Nous savons que nos éléments viennent de l'espace, mais il faut à présent devenir plus précis. La première étape est de les répertorier de manière quantitative. Les scientifiques utilisent pour cela un nom particulier : les « abondances relatives », qui expriment la quantité de chaque élément présente dans un échantillon donné. Mais attention : ces abondances peuvent être exprimées en fraction de masse de l'élément par rapport à l'ensemble de l'échantillon, ou en nombre d'atomes, ce qui n'est pas la même chose. Elles peuvent se présenter sous forme de pourcentages, ou encore sous forme de valeurs numériques relatives à un élément particulier choisi comme référence. Il est donc important de vérifier, dans les tableaux ou les figures présentées dans la littérature, de quel type d'abondances il s'agit !

Tous les éléments qui composent notre corps se trouvent aussi dans la Terre, dans les océans, dans le Soleil et les étoiles et même dans les objets célestes les plus lointains que nous pouvons observer : les quasars et les galaxies des confins de l'Univers. Notre matière est universelle. Cependant, les abondances relatives des éléments peuvent fortement varier d'un site à l'autre.

Pour les mesurer, on peut distinguer deux sortes de techniques :

1) les techniques directes, qui consistent à étudier la composition de la matière en utilisant des processus physiques et chimiques de laboratoire. Pour cela, il faut que les objets en question soient à notre portée. Ces techniques s'appliquent tout d'abord à la Terre elle-même et à tous les objets qui s'y trouvent, ainsi qu'aux météorites qui tombent du ciel. Depuis les débuts de la conquête spatiale, il est aussi envisageable d'aller chercher des matériaux sur d'autres planètes et de les rapporter pour les étudier[1]. Mais en attendant, on envoie les laboratoires eux-mêmes dans l'espace, comme les robots martiens ou la sonde Cassini[2] : ils analysent la matière sur place et nous envoient les informations par ondes électromagnétiques.

2) Les techniques indirectes, qui s'appliquent à tous les objets célestes inatteignables par l'homme : Soleil, étoiles, galaxies... Dans ce cas la composition chimique se déduit de l'analyse de la lumière que ces objets nous envoient. Elle est très riche en informations quantitatives, à condition de savoir les décoder.

---

1. Jusqu'à présent seules des pierres de Lune ont pu être rapportées, mais il est probable que des échantillons martiens pourront être un jour récupérés et rapportés sur Terre, et peut-être d'autres, qui sait ?

2. La sonde Cassini-Huygens, construite en coopération par les agences spatiales américaine (NASA) et européenne (ESA), a été lancée vers Saturne et son satellite Titan le 15 octobre 1997. Elle s'est placée en orbite autour de Saturne le 1er juillet 2004. Le module Huygens a été largué vers Titan le 25 décembre 2004 et s'est posé sur sa surface le 14 janvier 2005 après 2 h 30 de traversée de l'atmosphère.

Le corps humain et l'océan

C'est connu : nos lointains ancêtres vivaient dans la mer. Cette filiation se retrouve dans la composition en éléments chimiques. La figure ci-dessous montre les abondances relatives des éléments dans le corps humain et dans l'océan. Même s'il existe une importante dispersion des points, l'analogie est frappante : les éléments les plus abondants dans le corps

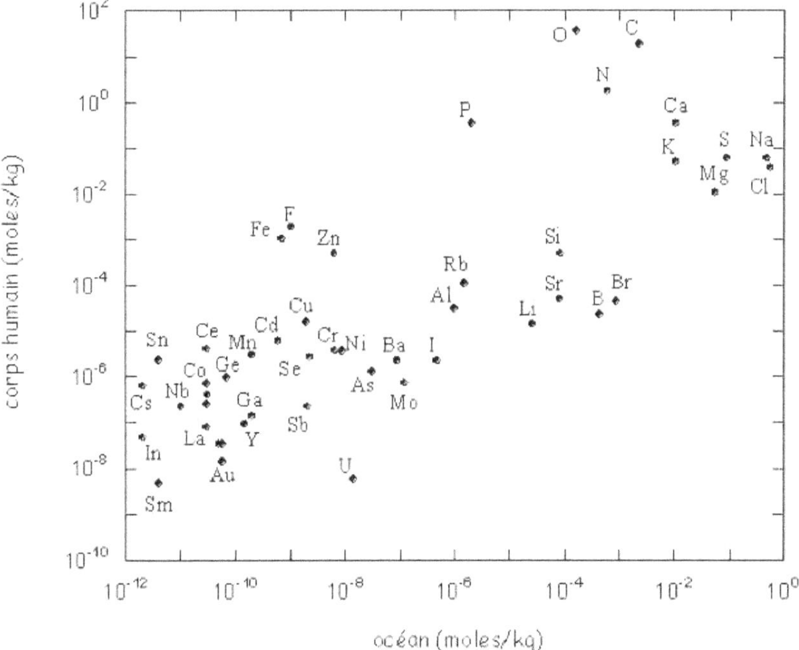

Figure 4-1

Comparaison des abondances des éléments dans le corps humain et dans l'océan. Les valeurs sont données en nombre de moles par kilo (une mole est l'équivalent de 6×10^{24} atomes). Il est clair que les éléments les plus abondants dans le corps humain sont aussi les plus abondants dans l'océan.

humain sont aussi les plus abondants dans l'océan. Les valeurs sont données en nombre de moles par kilogramme. L'abondance moyenne du silicium dans le corps humain, par exemple, est de 10 grammes par « kilo de masse sèche », ce qui correspond globalement, en tenant compte de l'eau contenue dans le corps, à une mole par gramme environ (10^{-3} mole par kilo) ; dans l'océan, l'abondance du silicium est seulement de un dixième de mole par gramme d'eau, soit 10^{-4} mole par kilo. La plupart des éléments représentés sont plus concentrés dans le corps humain que dans l'océan, et plus particulièrement le carbone, l'azote, l'oxygène, le phosphore et le fer. En revanche, le magnésium, le lithium, le sodium et le chlore y sont moins abondants. Ce n'est pas étonnant pour les deux derniers, qui sont précisément les constituants du sel marin !

De l'âge de pierre à l'âge de bronze

Combien de temps a-t-il fallu à l'humanité naissante pour domestiquer la pierre et découvrir les propriétés étonnantes de celle que l'on appelle silex, ses surfaces internes presque parfaites, dures et homogènes, ses qualités coupantes ? Comment les hommes ont-ils appris à provoquer, par des percussions ultraprécises, la cassure permettant d'obtenir l'outil désiré, hache ou couteau à dépecer ? Comment enfin ont-ils découvert, grâce au choc de deux silex, l'étincelle qui fait flamber les brindilles sèches ?

L'utilisation de la pierre taillée comme outil remonte à presque trois millions d'années, et cette technique perdura pendant plus d'un million d'années avant que les hommes ne découvrent l'existence des premiers métaux. Il est difficile d'imaginer tout ce temps écoulé avant le changement. Cela donne le vertige ! L'évolution des connaissances était si lente ! Elle avait bien lieu cependant, à pas de fourmi. On peut dire à présent que le silicium, composant principal du silex (associé à l'oxygène sous forme de silicates), est à l'origine du développement de la technologie humaine.

Mais le sol terrestre était jonché de toutes sortes d'autres pierres fascinantes. C'est encore le cas dans certains déserts, en Mauritanie par exemple, où l'on se sent pénétré par ces dizaines de milliers de siècles qui nous ont précédés dans l'histoire de l'humanité. Les hommes préhistoriques se sont intéressés à certaines d'entre elles, qui contenaient des inclusions étranges et brillantes.

À force de patience, en développant les outils de pierre appropriés, ils sont devenus capables de recueillir ces parties brillantes et de les travailler. Ils ont ainsi découvert les premiers métaux, les plus faciles à isoler : le cuivre, l'or et l'argent. Et puis, en continuant leurs recherches, ils se sont rendu compte que certains cailloux pouvaient fondre dans le feu et livrer d'autres trésors : l'étain, le plomb, le mercure.

Ils ont même eu l'idée de fusionner ces métaux pour les rendre plus solides, essentiellement le cuivre et l'étain dont l'alliage, le bronze, leur a permis de fabriquer des outils autrement plus perfectionnés que ceux de l'âge de pierre. Enfin certains cailloux plus lourds que les autres contenaient un métal encore différent : le fer. Mais les hommes préhistoriques ne savaient pas encore que ces pierres particulières venaient du ciel (ou bien l'avaient-ils déjà découvert ? après tout nous n'en savons rien...). Beaucoup plus tard, l'industrie du fer s'est appelée « sidérurgie » pour bien rappeler que les minerais d'origine de ce métal sont des météorites, pierres de l'espace, pierres sidérales.

« *Élément-Terre* », *mon cher Watson*[1] !

À notre époque, les connaissances scientifiques avancent à pas de supergéant, et le silicium reste l'un des éléments de base de la technologie contemporaine. À l'état pur, il se présente sous forme d'un solide cristallin, dont les propriétés de « semi-conducteur[2] » le rendent indispensable en électronique. C'est l'élément fondamental de nombreux composants, en particulier les transistors, et les « puces » de nos cartes bancaires.

Mais le silicium est aussi et surtout l'élément principal constituant la croûte terrestre continentale, c'est-à-dire cette mince pellicule solide, de 17 kilomètres d'épaisseur en moyenne, sur laquelle nous marchons[3]. Pas moins de 91,5 % de la masse totale de la croûte continentale est constituée de silicium associé à l'oxygène, sous forme de silicate SiO_4. Les silicates prennent sur Terre des formes diverses très connues : les quartz et les feldspaths, qui constituent à eux seuls 63 % de la masse totale de la croûte, les amphiboles, les

---

1. Clin d'œil à Sherlock Holmes (le héros de Conan Doyle).
2. Un cristal est composé d'atomes ionisés, organisés dans l'espace selon des réseaux géométriques. Parfois il en manque, à certains nœuds du réseau. Il peut alors y avoir des migrations internes pour remplir ces « trous », ce qui conduit à une sorte de courant utilisé en électronique : on appelle ces solides des « semi-conducteurs ».
3. Elle ne représente que 0,4 % de la masse de la Terre et 1 % de son volume.

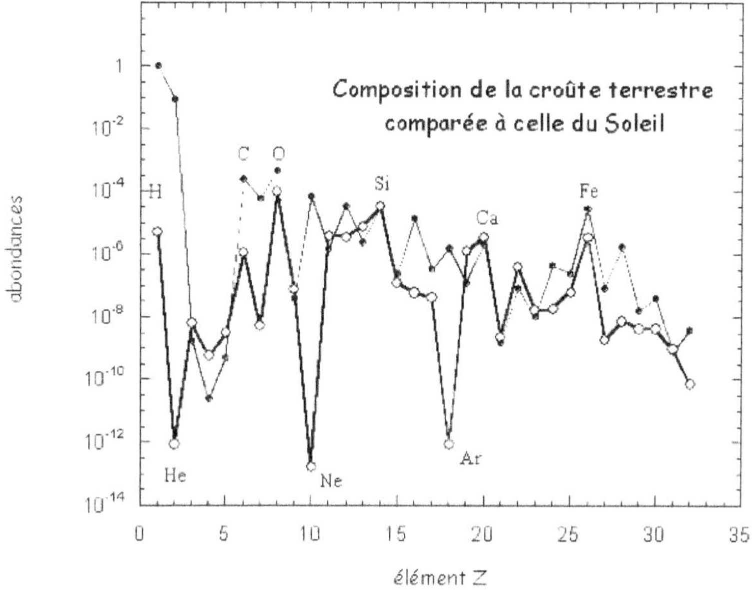

Figure 4-2
Abondances des éléments dans la « croûte terrestre » (l'élément-Terre !), comparées à celles observées dans le Soleil. Pour le Soleil, la courbe (ici en trait fin) est la même que celle de la figure 4-3. Pour la comparaison, le silicium est choisi comme référence : la courbe représentant les abondances dans la croûte terrestre (trait épais) est ajustée pour reproduire la même abondance de cet élément. Depuis la formation du système solaire, des modifications importantes ont eu lieu dans la composition de la croûte terrestre : les gaz rares (hélium, néon, argon...) se sont échappés, ainsi que les éléments les plus légers : hydrogène et, dans une moindre mesure, carbone, azote, oxygène. En revanche, les éléments lithium, béryllium et bore sont relativement abondants sur Terre.

micas, et bien d'autres, dont les magnifiques opales que les artistes transforment en superbes bijoux.

En plus des silicates, la croûte terrestre continentale comprend un très grand nombre d'éléments. On y retrouve l'aluminium, le magnésium, le fer, le calcium, le carbone en abondance cent fois plus faible que l'oxygène, et aussi, en faibles quantités, les éléments légers lithium, béryllium, bore, carbone, azote et fluor. Voilà ce qui, dans l'Antiquité, était considéré comme le premier des quatre éléments. L'« élément-Terre » est donc tout sauf élémentaire !

Les éléments légers technétium et prométhium sont totalement absents de la croûte terrestre : ils sont en effet radioactifs et n'existent pas à l'état naturel. Il en va de même des éléments lourds entre le bismuth et le thorium, et au-delà de l'uranium.

L'hydrogène, élément le plus abondant de l'Univers, ne représente qu'une toute petite fraction de la croûte terrestre continentale, essentiellement sous forme d'eau. Le reste s'est évaporé ! Quant à l'hélium, le plus abondant dans l'Univers après l'hydrogène, il ne reste sur Terre qu'à concurrence de un milliardième en fraction de masse. Il est clair que, dans le processus de formation de la Terre et des planètes, les pourcentages des éléments ont été fortement modifiés. Nous y reviendrons.

La Terre sismique

La Terre tremble. Nous en avons des exemples récents catastrophiques, immenses tragédies pour les populations concernées. La croûte terrestre bouge en permanence, entraînée par les mouvements des régions sous-jacentes, appelées « manteau ». Par ailleurs le magma interne, la lave, s'échappe régulièrement par ces cheminées actives que sont les volcans. C'est ainsi que la Terre dévoile partiellement la composition de ses entrailles.

Mais les tremblements de Terre, ou séismes, apportent aux géophysiciens des données fondamentales pour l'étude de l'intérieur terrestre. Sans eux nous ne saurions rien, ou presque, sur la matière qui constitue notre planète. En effet, les ondes sismiques provoquées lorsque la croûte terrestre tremble en un endroit précis du globe se propagent en profondeur. Elles se réfléchissent partiellement sur les couches de transition, là où la matière change de structure. Elles réapparaissent finalement dans d'autres régions de la surface où elles sont étudiées. Le délai entre la production de ces ondes et leur retour, l'endroit où on les détecte, les modifications de leurs caractéristiques (fréquences, harmoniques, énergie, etc.) permet de reconstituer les régions rencontrées sur leur trajet.

C'est ainsi que l'on peut distinguer les zones de l'intérieur terrestre : les croûtes continentale et océanique, le manteau supérieur, le manteau inférieur, le noyau extérieur liquide et le noyau intérieur solide, ou graine. La composition chimique des profondeurs terrestres n'est pas certaine, mais on sait que le fer s'y trouve en quantité plus importante que dans la croûte.

Il faut noter[1] la présence dans le noyau terrestre de plusieurs éléments radioactifs de longue durée de vie. Leur lente désintégration fournit de l'énergie qui chauffe la matière et permet au fer d'être fondu sur une grande épaisseur. Ce sont le potassium 40, le thorium 232, l'uranium 235, l'uranium 238. L'existence du noyau liquide a des répercussions importantes pour nous, car il s'y produit des phénomènes de convection turbulente à l'origine de la création du champ magnétique terrestre : sans éléments radioactifs, pas de boussole !

---

1. Nous y reviendrons au chapitre suivant.

« *Élément-Air* »,
mon cher Watson[1] *!*

L'atmosphère actuelle de la Terre est bien éloignée de son atmosphère primitive. Celle-ci, composée essentiellement d'éléments légers, s'est évaporée, laissant la place au gaz qui s'échappait des volcans, ainsi qu'à la lente libération du gaz piégé dans les roches. Puis sont arrivés les premiers êtres vivants, sous forme d'algues bleues dans les océans. Petit à petit, les végétaux marins puis terrestres ont transformé le gaz carbonique de l'atmosphère en produisant du gaz oxygène, celui que nous respirons. Rappelons que les molécules du gaz oxygène, désignées par le symbole O_2, sont constituées non pas d'un, mais de deux atomes d'oxygène liés entre eux. Entendons-nous bien : les plantes n'ont pas fabriqué l'oxygène atomique, qui existait dans le nuage initial d'où sont sortis le Soleil et les planètes. Elles l'ont simplement transformé en molécule O_2, celle qui était nécessaire pour que les animaux puissent ensuite se développer. C'est ainsi que l'atmosphère terrestre est devenue respirable. L'élément-Air n'est donc pas plus élémentaire que l'élément-Terre !

Les atmosphères des autres planètes solides du système solaire ont aussi beaucoup changé depuis leur formation, même sans abriter la vie : certains éléments se sont évaporés, ceux qui sont restés se sont solidifiés d'une manière différente les uns des autres. En revanche les planètes géantes ont gardé, sauf exceptions, leurs abondances d'origine. Notre but étant de comprendre comment les éléments ont été formés

---

1. Voir note 1, p. 108.

dans l'Univers, nous devons remonter à la source, c'est-à-dire retrouver l'abondance des éléments dans la nébuleuse protosolaire, avant toutes les modifications qui se sont produites au moment de la formation du Soleil et des planètes et par la suite. Nous y serons aidés par les météorites et les comètes.

Météorites et comètes

Voici 4,5 milliards d'années, notre étoile Soleil se condensait au sein de la Voie lactée, au milieu d'un nuage de gaz et de poussières cosmiques. Tout cela tournait, si bien que le nuage s'est aplati comme une crêpe. Les poussières se sont agglutinées en petits rochers qui, dans certains cas, ont pu continuer à s'accoler les uns aux autres, pour finalement former les planètes que nous connaissons.

Mais de nombreux rochers sont restés isolés dans l'espace, en dehors des planètes, pour mener leur vie propre. On les appelle les « petits corps » du système solaire : météorites, astéroïdes, comètes, etc. Ils tournent autour du Soleil mais leurs orbites sont souvent étranges et excentriques. C'est que, en raison de leur grand nombre et de leur petite masse, toutes les attractions gravitationnelles qu'ils subissent de la part des autres petits corps et des grosses planètes les envoient « valdinguer » dans des endroits parfois bien éloignés de leur lieu de naissance.

Les comètes, par exemple, sont nées au milieu des planètes géantes. Elles n'y sont pas restées : Jupiter et Saturne ont balayé leur environnement en envoyant promener les petits corps soit dans les confins du système solaire, au-delà de Pluton, soit dans l'autre sens, où ils sont directement tombés dans le Soleil. Les comètes se trouvent à présent dans une région lointaine appelée « nuage de Oort », d'où elles reviennent parfois nous saluer, poussées par quelque force gravitationnelle extérieure qui modifie leur orbite. Certaines comètes, dont l'orbite est devenue une ellipse très aplatie, reviennent régulièrement, comme la célèbre comète de Halley, qui passe près de nous tous les soixante-seize ans. À leur approche du Soleil, le gaz contenu dans les inclusions solides s'échappe en partie, produisant des « queues » parfois spectaculaires.

La composition chimique actuelle des petits corps du système solaire dépend de l'endroit où ils se sont formés. En effet, suivant la température ambiante, plus élevée près de l'étoile centrale qu'à l'extérieur du disque, certains éléments se sont assemblés pour former des molécules capables de prendre une forme solide alors que d'autres se sont volatilisés.

Parmi toutes les météorites observées, un type particulier appelé « chondrites carbonées de type I » présente des abondances d'éléments très proches de celles du Soleil, à part celles des éléments volatils H, C, N, O et quelques autres exceptions. Ces météorites sont reconnaissables au fait que leur abondance de carbone est particulièrement importante comparée aux autres, et elles contiennent des inclusions métalliques appelées « chondrules », d'où leur nom[1]. Nous verrons ci-dessous comment les abondances solaires peuvent être déterminées, mais signalons dès à présent que l'étude des météorites permet des mesures d'abondances isotopiques impossibles à obtenir dans le Soleil.

---

1. Voir la photo de la météorite Allende, Figure 1-2.

Quant aux comètes, elles recèlent peut-être dans leur noyau des informations importantes sur la composition chimique de la nébuleuse primordiale dans laquelle elles ont trouvé naissance, ce qui justifie d'envoyer des sondes spatiales à leur rencontre pour les analyser[1].

Notons le cas particulier de l'iridium : cet élément, généralement absent sur Terre, est présent dans certaines météorites qui peuvent le déposer en cas de chute sur le sol terrestre. C'est ainsi que la présence d'iridium dans une couche géologique profonde est considérée comme une preuve de la chute de la météorite du Yucatan, supposée à l'origine de la disparition des dinosaures[2].

Les éléments chimiques contenus dans les météorites et les comètes se présentent parfois sous forme de molécules très complexes : microdiamants, silicates, mais aussi de molécules organiques. Ainsi, certaines théories de l'origine de la vie sur la Terre supposent que les molécules originales sont venues du ciel, par l'intermédiaire des petits corps du système solaire.

Le Soleil et les étoiles

L'analyse du rayonnement qui nous vient du Soleil et des étoiles montre des raies sombres qui se superposent aux couleurs de l'arc-en-ciel. Ce sont les « couleurs manquantes » du spectre lumineux. Elles furent détectées pour la première fois

---

1. En particulier les sondes Giotto et Rosetta.
2. Il y a soixante-cinq millions d'années.

dans la lumière solaire en 1802 par le physicien et chimiste britannique William Wollaston[1]. Quelques années plus tard, vers 1813, elles furent à nouveau observées par l'opticien bavarois Joseph von Fraunhofer[2], qui en fit une description détaillée. Il nomma les plus brillantes avec des lettres de l'alphabet encore utilisées de nos jours.

Tous les atomes sont capables d'absorber partiellement, à des longueurs d'onde très précises, le rayonnement auquel ils sont soumis. On dit alors qu'ils « s'excitent », ce qui signifie qu'un ou plusieurs électrons ont récupéré l'énergie des photons pour « sauter » sur des niveaux d'énergie atomique plus élevés. Chaque atome possède ainsi une signature spectrale particulière, qui lui est aussi caractéristique que l'empreinte digitale l'est aux êtres humains[3].

Les astronomes et physiciens[4] ont pu vérifier sans ambiguïté dès 1860 que la plupart des raies sombres du spectre solaire correspondaient précisément à celles obtenues en laboratoire pour des éléments chimiques connus. En 1896, 36 éléments étaient déjà reconnus dans le spectre solaire. À notre époque, tous les éléments du tableau de Mendeleïev y ont leur signature, ainsi que dans le spectre des étoiles, sauf rares exceptions.

L'assombrissement et la largeur des raies spectrales sont directement liés aux proportions des diverses sortes d'atomes qui en sont responsables. Ainsi, l'étude détaillée de ces raies

---

1. William Hyde Wollaston (1766-1828) a aussi découvert de nouveaux éléments chimiques dans ses études de laboratoire : le palladium et le rhodium (voir annexe).
2. 1787-1826 ; on parle encore, par exemple, de la raie D du sodium, ou des raies H et K du calcium, mais Fraunhofer ne savait pas, en leur attribuant ces lettres, qu'elles correspondaient à des éléments chimiques !
3. Voir *La Symphonie des étoiles, op. cit.*
4. En particulier les physiciens et chimistes allemands Robert Wilhelm Bunsen (1811-1899) et Gustav Robert Kirschoff (1824-1887).

permet d'obtenir la composition chimique précise du Soleil et des étoiles, avec les abondances respectives de chacun des éléments.

En ce qui nous concerne, nous sommes particulièrement intéressés à la manière dont se sont formés les éléments qui nous constituent. Il est donc important pour nous de pouvoir « remonter » à la composition initiale de l'immense nuage de gaz dont sont sortis le Soleil et son cortège de planètes, ou « nébuleuse protosolaire ». Nous y arrivons en comparant la composition du Soleil et celle des météorites.

La découverte de l'hélium

Le 18 août 1868, au cours d'une éclipse totale de Soleil, les astronomes Jules Janssen et Joseph Lockyer[1], ainsi que d'autres observateurs, découvrirent avec étonnement une raie lumineuse jaune très brillante dans le spectre des protubérances solaires, à un emplacement totalement imprévu. Lors d'une éclipse, le disque lumineux du Soleil est caché par la Lune, et l'on peut voir apparaître ses régions périphériques : protubérances, chromosphère, couronne, habituellement invisibles à cause de l'éblouissement dû à la lumière solaire directe. Les mêmes éléments chimiques se retrouvent dans le Soleil et dans son environnement immédiat. Cependant, alors que les raies du spectre solaire apparaissent en

---

1. L'astronome français Jules Janssen (1824-1907) fut en 1876 le fondateur de l'observatoire de Meudon ; l'astronome britannique Sir Joseph Norman Lockyer (1836-1920) fut en 1869 le fondateur de la très connue et très renommée revue anglaise *Nature*.

sombre sur fond brillant, celles des régions externes paraissent lumineuses[1].

Joseph Lockyer suggéra que cette raie exceptionnelle pouvait être la signature d'un élément nouveau, non encore répertorié. Il proposa d'appeler ce nouvel élément hélium, du grec *helios*, Soleil[2].

Dès lors, les physiciens et chimistes entreprirent de rechercher sur Terre des signatures de l'existence de l'hélium. C'est le chimiste britannique Sir William Ramsay[3] qui, le premier, découvrit de l'hélium dans un minerai d'uranium appelé clévéite et réussit à l'isoler en 1895. Il mit en évidence le fait que l'hélium était produit par un certain type de radioactivité, appelée depuis « radioactivité alpha[4] » : c'est précisément en raison de la radioactivité de l'uranium que l'hélium se trouvait présent dans le minerai. Quelques années plus tard, des traces d'hélium furent découvertes dans l'atmosphère terrestre.

Composition isotopique

Les réactions nucléaires qui ont conduit à la formation des éléments chimiques dans l'Univers ne se comportent pas

---

1. Devant le Soleil, les raies sont en absorption ; à l'extérieur, elles sont vues en émission.
2. En fait, l'hélium n'est pas observé sous forme de raies d'absorption dans le spectre optique du Soleil, contrairement aux autres éléments, en raison de sa très grande stabilité (il ne s'excite pas facilement !) ; en revanche, dans les régions externes où la température est plus élevée, sa signature est visible sous forme de raies d'émission, comme découvert par Janssen et Lockyer.
3. 1852-1916, prix Nobel de chimie 1904.
4. Voir chapitre 5.

de la même manière suivant les isotopes en présence. Plus précisément, chaque réaction fait intervenir des isotopes particuliers, et non pas les éléments dans leur ensemble. Il est donc indispensable, pour reconstituer leur histoire, de connaître non seulement les abondances des éléments dans la nébuleuse protosolaire mais aussi le pourcentage de chaque isotope.

Rappelons qu'un élément chimique, par définition, comprend tous les atomes ayant le même nombre de protons dans leur noyau, et donc le même nombre d'électrons à l'état neutre. Les isotopes diffèrent les uns des autres par le nombre de neutrons qu'ils contiennent, et donc par leur masse.

Les propriétés chimiques et atomiques des divers isotopes d'un même élément sont très semblables, car elles dépendent essentiellement des électrons. Cependant la différence de masse du noyau conduit à une faible différence d'énergie des niveaux atomiques et donc des raies spectrales. C'est ce que l'on appelle le « décalage isotopique ». L'effet est petit, surtout pour les éléments lourds. Il est donc très difficile de déterminer directement la composition isotopique du Soleil et des étoiles, sauf pour les éléments légers deutérium, hélium et lithium.

Dans ces conditions, les mesures des éléments dans les météorites (chondrites carbonées de type I) deviennent fondamentales. En effet, leur matière peut être analysée au laboratoire, dans des instruments appelés « spectrographes de masse[1] » où la masse des atomes est directement mesurée. Il est ainsi possible de déterminer leur composition isotopique, et donc celle de la nébuleuse protosolaire.

---

1. Le premier spectrographe de masse a été construit en 1921 par le chimiste anglais Francis W. Aston (1877-1945).

La Distribution
d'abondances standard
des éléments

Grâce aux observations des éléments dans le Soleil et dans les chondrites carbonées, il est ainsi possible de retrouver ce qu'étaient ces abondances dans la nébuleuse protosolaire. C'est la « Distribution d'abondances standard », ou « Distribution d'abondances solaires », en abrégé : DAS. Les principales caractéristiques de cette distribution sont les suivantes :

1) l'hydrogène est l'élément de loin le plus abondant, avec un pourcentage de 90 % en nombre d'atomes par rapport à tous les atomes existants, 71 % en masse ;

2) l'hélium suit l'hydrogène, avec un pourcentage de presque 10 % en nombre et 27 % en masse. À eux deux, l'hydrogène et l'hélium représentent 98 % de toute la masse du système solaire ! Il reste bien peu de place (2 %) pour tous les autres éléments, qui sont cependant extrêmement importants pour notre existence ;

3) les abondances des éléments diminuent rapidement lorsque la masse atomique augmente, jusqu'à la masse 50 ;

4) les éléments légers lithium, béryllium et bore sont en abondance très faible comparés à leurs voisins ;

5) au niveau des masses atomiques 50 à 60, on remarque un groupe d'éléments nettement plus abondants que leurs voisins : c'est le « pic du fer ». Nous expliquerons au cours du prochain chapitre la raison de ce comportement ;

6) les abondances diminuent ensuite régulièrement sauf pour quelques éléments plus abondants que les autres : ils

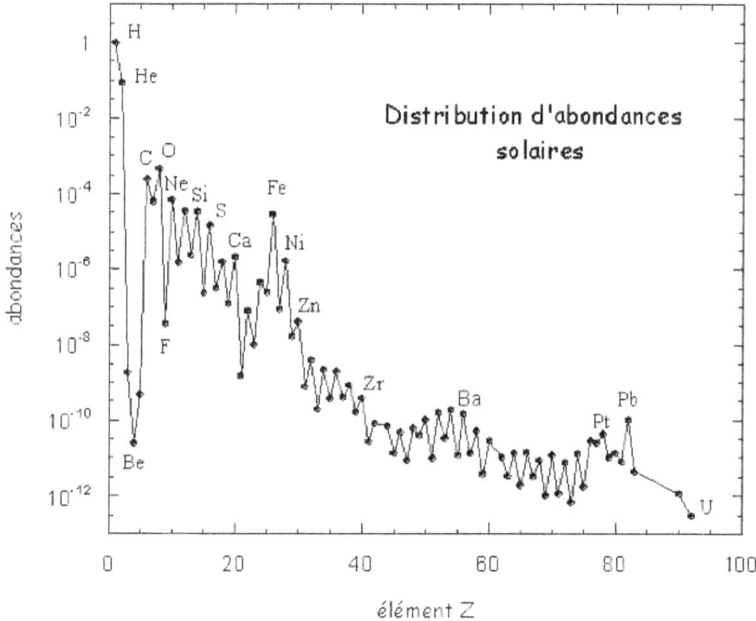

Figure 4-3

Distribution d'abondances standard, ou distribution d'abondances solaires : cette figure représente les abondances des éléments dans le système solaire primitif, déterminées en référence à l'hydrogène. Si un élément présente, par exemple, une abondance de 10^{-4}, cela signifie qu'il existe 10 000 atomes d'hydrogène pour seulement un atome de l'élément considéré. Les éléments sont référencés en fonction de leur charge Z, qui correspond aussi à leur numéro caractéristique. On remarque une décroissance de l'abondance des éléments de plus en plus lourds, ainsi que quelques particularités : les éléments lithium, béryllium et bore sont très peu présents, le fer est plus abondant que ses voisins et il existe des « bosses » pour certains éléments lourds, autour du baryum, ou encore du platine et du plomb.

correspondent à des noyaux particuliers qui possèdent un nombre magique[1] de neutrons ;

---

1. Voir le chapitre 2 pour la définition des nombres magiques, et le chapitre 7 pour la formation de ces éléments.

7) les « zigzags » de la courbe sont dus à un effet « pair-impair » : les noyaux possédant un nombre pair de protons sont favorisés par rapport aux autres.

Les écarts à la DAS
dans l'Univers

Le système solaire nous intéresse tout particulièrement, pour des raisons évidentes. Mais il est tout aussi important de connaître la composition des autres étoiles et des autres galaxies, si nous voulons reconstituer l'histoire de l'Univers dans son ensemble (ce qui est d'ailleurs nécessaire pour replacer le système solaire dans son contexte). Pour ces objets célestes lointains, la seule approche est l'analyse du rayonnement, comme pour le Soleil.

Dans les débuts de cette étude, au milieu du XXe siècle, les astronomes[1] ont d'abord été surpris de constater que les abondances des éléments semblaient être les mêmes dans toutes les étoiles, ainsi que dans le Soleil. Mais ils se sont vite rendu compte qu'ils n'avaient pas observé un échantillon suffisant d'étoiles. Petit à petit, ils ont découvert des écarts de plus en plus nombreux et importants à la distribution standard. À présent, ces écarts sont bien expliqués et permettent de mieux comprendre l'évolution des éléments :

1) les étoiles vieilles possèdent moins d'éléments lourds que les étoiles jeunes ; nous reviendrons sur cette importante

---

1. En particulier l'astronome allemand Albrecht Unsöld, 1905-1995.

question au cours du chapitre 7, car cette observation est directement liée à la formation des éléments au cours du temps dans les galaxies : plus les étoiles sont vieilles, plus elles se sont formées tôt, à une époque où les nébuleuses contenaient moins d'éléments lourds qu'à présent ;

2) dans toutes les galaxies spirales observées, les étoiles proches du centre galactique ont plus de métaux que les étoiles situées en périphérie ; cette situation s'explique par le fait que la formation des éléments au cours du temps est plus rapide dans les régions où la densité d'étoiles est plus importante ;

3) les étoiles autour desquelles des planètes géantes ont été découvertes ont plus d'éléments lourds que les autres ; cela signifie sans doute que les planètes se forment plus facilement dans ces conditions ; il est possible aussi qu'au moment de la formation des planètes, certaines « tombent » dans l'étoile, augmentant ainsi sa teneur en éléments lourds ;

4) des étoiles dites « particulières » présentent des abondances bizarres de métaux, très différentes des autres, certains étant surabondants, d'autres sous-abondants ; leur étude montre qu'elles ont été formées avec des abondances normales, mais que les atomes ont migré au cours du temps soit vers la surface, soit vers le centre ; un tel phénomène se produit en fait dans toutes les étoiles, mais d'une manière en général moins sensible ; dans le Soleil et les étoiles de type solaire, l'effet ne dépasse pas 20 %.

Du pain sur la planche !

Voici donc l'héritage que l'Univers nous a légué, pour le temps de notre existence. Dans le regard de chacun d'entre nous se reflètent des parcelles de la construction du monde, riche et évolutive. Pour mieux la comprendre, il nous faut encore explorer un peu le comportement profond de la matière, avant de rebondir vers les espaces intersidéraux. Nous avons du pain sur la planche, mais le jeu en vaut la chandelle !

CHAPITRE 5

La vallée de stabilité

Le Ciel a-t-il formé cet amas de merveilles
Pour la demeure d'un serpent ?
Pierre CORNEILLE

Je me trouvais un jour dans le métro de Mexico, à cette heure intermédiaire où les hommes et les femmes ne montaient pas encore dans des wagons séparés (ce qui était le cas aux heures d'affluence), mais où les rames étaient déjà bondées. On y voit souvent des colporteurs qui montent à une station, parcourent le wagon en proposant à grands cris quatre ou cinq crayons, deux ou trois paquets de « goma de mascar » (chewing-gum) et descendent à la station suivante. Cette fois, un homme enthousiaste vendait des agendas. Il déclamait d'une voix forte et modulée : « Achetez mes agendas ! Vous y trouverez les jours importants de l'année, les fêtes à souhaiter, le plan du métro, la carte du Mexique... et le tableau périodique des éléments de Mendeleïev ! Deux mille pesos ! » Les agendas se vendaient comme des petits pains…

Éléments naturels et artificiels

Parmi tous les éléments connus, 90 sont présents à l'état naturel sur la Terre : depuis l'hydrogène (1) jusqu'à l'uranium (92), à l'exception du technétium (43) et du prométhium (61), trop instables. Les éléments existent naturellement s'ils sont stables, ou, dans le cas où ils sont radioactifs, si leur durée de vie[1] est supérieure à l'âge de la Terre : c'est le cas des éléments lourds depuis le polonium (84) jusqu'à l'uranium (92). Au-delà de cette limite, les éléments sont radioactifs de courte durée de vie : s'ils ont, à une époque, été synthétisés naturellement (en particulier lors de l'explosion d'une supernova, voir chapitre 8), ils ont disparu de notre environnement. En revanche, il est possible de les fabriquer au laboratoire par des réactions appropriées. L'élément le plus lourd obtenu artificiellement à notre époque porte le numéro 116[2].

Le numéro sous lequel un élément est répertorié, ou « nombre atomique », correspond, nous l'avons vu, au nombre de protons qu'il contient dans son noyau. Ce nombre est aussi appelé « charge nucléaire » et noté traditionnellement

---

1. On appelle « durée de vie » d'un élément radioactif le temps au bout duquel le nombre d'atomes a diminué d'un facteur exponentiel : on peut considérer qu'il ne reste plus d'atomes de l'élément concerné au-delà de sa durée de vie. On utilise aussi souvent le terme « demi-vie » qui correspond très précisément au temps pour lequel le nombre d'atomes a diminué de moitié.
2. Son nom, peu poétique, est « ununhexium » (voir annexe) ; le numéro 118 a failli voir le jour en 1999 mais sa découverte n'a pas été confirmée.

Z. Lorsque l'atome est neutre, Z correspond aussi au nombre d'électrons. Mais à forte température, les électrons sont arrachés du noyau : l'atome est alors « ionisé » et se fait appeler « ion[1] ». Au centre des étoiles, par exemple, tous les éléments sont ionisés : ils le sont même tellement qu'il ne reste bien souvent que les noyaux nus, sans aucun électron autour !

Dans le tableau de Mendeleïev, les éléments sont classés par ordre croissant de Z. Mais les noyaux d'atomes comprennent aussi des neutrons, dont le nombre est noté N. On appelle « nombre de masse » d'un atome la somme A = Z + N. Elle correspond approximativement à la masse de l'atome, comptée dans une échelle où la masse de l'hydrogène est égale à « un ».

Masses fractionnaires

La masse des atomes peut se mesurer de plusieurs façons différentes, soit d'une manière chimique, d'après leur comportement lors de réactions chimiques particulières, soit d'une manière physique, en étudiant la déviation de leur trajectoire dans un champ électrique et un champ magnétique. La première méthode s'applique d'une manière indifférenciée aux isotopes d'un même élément, puisqu'ils présentent les mêmes propriétés chimiques. La seconde au contraire permet de les séparer.

Les mesures chimiques de la masse d'un élément donnent en général une valeur fractionnaire. Ce résultat étrange

---

1. Le nom « atome » est en général réservé à l'atome neutre.

ne signifie pas qu'il y ait des fractions de nucléons dans les noyaux d'atomes ! C'est simplement le reflet de la composition isotopique naturelle de l'élément considéré sur la Terre[1].

Par ailleurs, avec mes excuses pour le lecteur mais c'est ainsi, la convention pour la mesure chimique des masses est différente de celle utilisée pour le nombre atomique : ici la valeur « un » est donnée non pas à l'hydrogène mais au douzième de la masse de l'atome de carbone 12 : dans cette échelle, la masse de l'hydrogène devient 1,0079[2]. Quant à l'élément carbone lui-même, sa masse atomique mesurée de cette manière est 12,011 : elle inclut le faible pourcentage de carbone 13 présent sur Terre.

Les méthodes physiques de détermination des masses permettent de séparer les isotopes d'un même élément[3]. Le magnésium par exemple, de charge nucléaire $Z = 12$, possède trois isotopes stables qui comprennent respectivement 12, 13 ou 14 neutrons. Les proportions moyennes de ces trois isotopes mesurées sur la Terre sont 78,99 % ; 10,00 % ; 11,01 %. La masse fractionnaire de 24,305 obtenue dans la mesure chimique des masses à l'état naturel tient compte de ces pourcentages, mais aussi des particularités de l'échelle de mesure mentionnée plus haut.

---

1. Il faut aussi distinguer la masse atomique correspondant au noyau et à son cortège d'électrons de la masse nucléaire qui correspond au noyau seul : même si la masse d'un électron est très faible (0,55 millième de la masse d'un proton), ce n'est tout de même pas la même chose.

2. Il existe une différence entre le douzième de la masse du carbone 12 et la masse d'un proton pour plusieurs raisons ; d'une part le carbone contient six protons et six neutrons, de masses différentes, d'autre part la masse réelle d'un noyau est inférieure à la somme des masses des nucléons qu'il contient : la différence est relativement faible mais fondamentale puisqu'elle correspond à l'énergie nucléaire (voir ci-dessous).

3. La première mesure de ce type date de la mise au point du « spectrographe de masse » de F.W. Aston, voir chapitre 4, note 1, p. 119.

Réactions chimiques
et réactions nucléaires

Les propriétés des atomes relèvent de deux catégories, qu'il est important de bien distinguer : les propriétés atomiques et les propriétés nucléaires. Les premières concernent les électrons, leur énergie, leur capacité d'échange avec les électrons d'autres atomes pour former des liaisons moléculaires. Ce sont des propriétés chimiques. Elles sont gérées par l'interaction électromagnétique. Les deuxièmes concernent les protons et neutrons du noyau, et plus profondément les quarks qui les constituent. Elles sont importantes pour comprendre la formation des éléments dans l'Univers. Elles sont gérées par les interactions forte et faible.

Les propriétés nucléaires sont caractéristiques de chaque type de noyau atomique : des noyaux de même charge Z, c'est-à-dire ayant le même nombre de protons, mais un nombre de neutrons N différent, n'ont pas les mêmes propriétés nucléaires et ne subissent pas les mêmes réactions. En revanche les atomes correspondants, qui possèdent le même nombre d'électrons (égal au nombre de protons Z), réagissent de manière semblable aux sollicitations chimiques. C'est la raison pour laquelle ces atomes, dont les noyaux ont la même charge même s'ils ont des masses différentes, ne sont pas séparés dans la classification périodique : ce sont les isotopes d'un même élément.

Comme nous l'avons déjà mentionné plusieurs fois, l'interaction forte à l'intérieur du noyau est beaucoup plus intense que l'interaction électromagnétique qui régit les électrons dans les atomes[1]. Pour cette raison, les molécules n'existent plus au-dessus de 1 000 degrés alors que les noyaux existent jusqu'à 1 milliard de degrés : le domaine de la chimie correspond à des énergies beaucoup plus faibles que le nucléaire.

Pourquoi
une classification périodique ?

Les liaisons chimiques sont associées à une redistribution des électrons entre atomes voisins. Seuls les électrons des couches extérieures sont impliqués, ce qui explique que l'on retrouve les mêmes propriétés chimiques dans les éléments qui ont le même nombre d'électrons sur leur couche externe[2].

Le nombre d'éléments inscrit dans les lignes successives du tableau périodique de Mendeleïev est de 2, 8, 8, 18, 32, 32, ce qui correspond précisément au nombre d'électrons maximum possible dans les couches atomiques[3]. Le tableau est traditionnellement présenté sous la forme de 18 colonnes, nombre intermédiaire entre 8 et 32. Dans ces conditions, les trois premières lignes comportent des vides, alors que, pour les deux dernières lignes, 14 éléments sont insérés entre la troisième et la quatrième colonne. On les appelle

---

1. Elle-même beaucoup plus intense que l'interaction gravitationnelle.
2. Il ne s'agit évidemment pas d'électrons désignés nominalement sur la couche externe puisqu'ils « sautent » sans arrêt d'une couche à l'autre. C'est le nombre qui compte, d'une manière statistique (voir chapitre 2, note 1, p. 58). On ne connaît pas les électrons individuellement !
3. Voir chapitre 1, figure 1-5 et chapitre 2.

« éléments de transition » : les lanthanides, à la suite du lanthane (élément 57)[1] et les actinides, à la suite de l'actinium (élément 89).

Les propriétés chimiques des éléments d'une même colonne du tableau sont similaires, puisqu'ils ont le même nombre d'électrons dans leur couche périphérique à l'état neutre. Par exemple la première colonne comprend les alcalins, la deuxième les alcalino-terreux, la troisième les halogènes et la dernière les gaz rares. Mais pourquoi et comment les propriétés varient-elles de gauche à droite dans le tableau ?

Liaisons moléculaires

La chimie est une science à part entière, très complexe, qui n'est pas le but de cet ouvrage. Il est intéressant cependant de mentionner la manière dont les atomes peuvent se combiner pour former des molécules.

Les éléments de la première colonne ont un seul électron sur la couche atomique la plus extérieure. Cet électron peut facilement se trouver arraché par collision avec d'autres atomes ou par absorption de rayonnement. Inversement les éléments de la dernière colonne ont leur couche extérieure complètement remplie d'électrons. C'est une situation particulièrement stable : il est difficile dans ce cas d'enlever un électron parmi les autres.

On appelle « énergie de liaison » d'un électron l'énergie qu'il faut lui fournir pour l'arracher à l'atome. Cette énergie

---

1. Appelés aussi « terres rares ».

est beaucoup plus importante pour les atomes de la dernière colonne du tableau que pour ceux de la première. Elle devient en fait de plus en plus forte lorsque la couche électronique externe se remplit, c'est-à-dire lorsqu'on se déplace vers la droite du tableau.

Il est donc plus facile d'arracher des électrons aux atomes de la région gauche, qui s'ionisent plus facilement que les autres jusqu'à vider complètement la couche externe. On obtient des ions positifs, comme Na^+, Mg^{++}, etc. ; on appelle ces éléments « électropositifs ».

En revanche, les éléments de droite, qui ont des couches incomplètes, ont la capacité de les compléter en capturant un ou plusieurs électrons : on les dit « électronégatifs », par exemple : F^-, O^{--}. Les ions positifs et négatifs peuvent s'associer pour former des molécules, comme l'eau H_2O ($2H^+ + O^{--}$) ou le sel NaCl ($Na^+ + Cl^-$). La formation d'ions peut aussi jouer un rôle important dans la structure et l'élaboration des minéraux cristallins.

Dans certains cas, des ions d'un élément peuvent, dans un cristal, être remplacés par des ions d'un autre élément de propriétés semblables : par exemple dans l'olivine ($MgSiO^3$), des ions Fe^{++} s'installent parfois à la place d'ions Mg^{++}. Mais les interactions moléculaires sont en réalité plus complexes qu'un simple phénomène électrique.

Certains éléments ont une couche externe à moitié pleine (ou à moitié vide, selon l'humeur). C'est le cas du carbone, élément très particulier pour nous puisqu'il est à la base du vivant. C'est aussi le cas du silicium. Ces éléments peuvent à la fois donner ou recevoir des électrons pour obtenir des couches complètes. Ils sont friands d'un type d'interaction appelé « liaisons covalentes ». C'est le cas où les mêmes électrons sont partagés entre atomes voisins.

Ces électrons sont en général couplés par paires, de telle sorte qu'ils peuvent venir ensemble dans la région où le potentiel électrostatique global des deux noyaux est le plus favorable. De cette manière, le carbone se lie souvent avec un autre carbone, sous la forme C–C avec deux liaisons covalentes, les deux autres liaisons possibles étant complétées par d'autres atomes comme H, O, N, etc. Il peut exister des chaînes C–C–C–C–C immenses : c'est la formation des molécules organiques !

Radioactivité

Les éléments radioactifs se désintègrent et se transforment spontanément en d'autres éléments, en émettant des particules de grande énergie qui peuvent être des électrons, des protons, des neutrons ou même des noyaux d'hélium. En effet les noyaux d'hélium sont tellement stables et compacts qu'ils ressemblent à s'y méprendre à des particules simples. Les physiciens spécialistes de radioactivité s'y sont d'abord laissé prendre, puisqu'ils ont appelé ces noyaux d'hélium « particules alpha » et qu'ils ont nommé « rayons alpha » les émissions radioactives correspondantes.

Quant aux « rayons bêta », ils sont reliés à la transformation de neutrons en protons et inversement. Pour les physiciens, le proton et le neutron représentent deux aspects différents d'un même type de particules : les nucléons. Ils peuvent donc aisément se transformer l'un en l'autre. Mais comme la masse du proton est légèrement plus faible que celle du neutron[1], la transformation d'un proton en un neutron a besoin d'énergie pour se produire, ce qui n'est pas le cas de la transformation inverse qui peut se faire spontanément. Pour cette raison le proton est stable dans les conditions actuelles, alors qu'un neutron isolé se désintègre en un quart d'heure[2].

Heureusement, lorsque les neutrons sont intégrés à un noyau d'atome, les liaisons avec les autres nucléons, protons et autres neutrons, les stabilisent. C'est ainsi qu'il peut exister des isotopes stables de presque tous les éléments de l'hydrogène à l'uranium. Au-delà, les interactions intranucléaires ne sont plus suffisantes pour stabiliser l'ensemble, et les noyaux sont instables.

Il existe en fait trois possibilités de désintégrations radioactives de noyaux d'atomes apparentées au phénomène de « rayons bêta » :

1) un neutron peut se changer en un proton, tout en restant à l'intérieur du noyau ; celui-ci émet alors un électron ainsi qu'une autre particule appelée « antineutrino » ; la charge électrique du noyau augmente d'une unité : Z devient Z + 1 ; cette réaction est appelée « bêta moins » ;

2) un proton peut se changer en un neutron[3] ; le noyau émet alors un antiélectron, de charge électrique positive,

---

1. La différence de masse entre les protons et les neutrons provient des différents quarks qui les constituent et de leurs interactions ; la masse du proton est de $1,6726 \cdot 10^{-24}$ gramme, ce qui correspond à une énergie de masse ($E = mc^2$) de 938,28 MeV ; la masse du neutron est de $1,6748 \cdot 10^{-24}$ gramme, ce qui correspond à une énergie de 939,57 MeV ; quant à la masse de l'électron, elle n'est que de $9,1094 \cdot 10^{-28}$ gramme, soit à 511 keV (voir chapitre 3, note 1, p. 80).
2. La moyenne des mesures de la durée de vie du neutron donne 886,8 secondes, soit 14,8 minutes (National Institute of Standards and Technology, États-Unis).
3. Comme nous l'avons vu, la transformation d'un proton en un neutron ne peut pas se faire spontanément si le proton est isolé ; en revanche, à l'intérieur d'un noyau atomique il est possible qu'un proton reçoive de l'énergie transférée du reste de la structure nucléaire, ce qui peut le conduire à se désintégrer.

encore appelé « positron », ainsi qu'un neutrino ; sa charge électrique diminue d'une unité : Z devient Z-1 : cette réaction est appelée « bêta plus » ;

3) enfin, il est possible qu'un proton capture un électron des couches atomiques et se transforme grâce à lui en neutron ; cette réaction ressemble à la précédente, mais il n'y a évidemment pas d'émission d'antiélectron ; en revanche le noyau émet toujours un neutrino, et sa charge diminue d'une unité : Z devient Z-1, comme dans la réaction « bêta moins ».

Ainsi, ces transformations radioactives qui consistent à changer les protons en neutrons et *vice versa* dans le noyau atomique, avec émission (dangereuse !) de particules : électrons et antiélectrons, neutrinos et antineutrinos, modifient la charge Z du noyau d'une unité sans changer le nombre total de nucléons[1] (ou « nombre de masse ») A. Au cours de la transformation, on change donc non seulement de nuclide[2] mais aussi d'élément, le rêve des alchimistes !

Défaut de masse des noyaux atomiques

Les nucléons qui forment un noyau atomique sont liés entre eux par l'« interaction forte[3] ». Il faut fournir beaucoup

---

1. Rappelons que « nucléon » est le nom donné globalement aux protons et aux neutrons qui constituent les noyaux d'atomes.
2. Le terme « nuclide » s'applique à des noyaux atomiques de charge et de masse fixées ; les « isotopes » ont la même charge mais des masses différentes, et l'ensemble des isotopes constitue l'« élément » ; les « isobares » ont la même masse mais des charges différentes (voir chapitre 2).
3. Voir chapitre 2, p. 59-60.

d'énergie au noyau pour séparer les nucléons et le détruire. Cette énergie, différente pour chaque nuclide, est appelée « énergie de liaison nucléaire », ou plus simplement « énergie nucléaire ».

Si, par exemple, deux protons et deux neutrons réussissent à s'associer et à se lier entre eux pour former de l'hélium[1], la réaction correspondante libère une formidable énergie sous forme de rayonnements très nocifs. C'est exactement l'énergie qu'il faut ensuite fournir au noyau si l'on souhaite le dissocier et retrouver les composants de départ.

Mais d'où vient cette énergie ? Comment était-elle stockée dans les particules initiales ? Comment est-elle libérée ? On se souvient que la masse d'une particule est équivalente à une énergie[2] : la dissipation d'énergie nucléaire est donc simplement compensée par une diminution de masse au cours de la formation du noyau.

La masse mesurée pour les noyaux atomiques est ainsi plus petite que la somme des masses des nucléons qu'ils contiennent. Ce « défaut de masse » correspond précisément à l'énergie de liaison des noyaux, et donc à l'énergie nucléaire. Nous verrons que sa valeur varie beaucoup suivant les éléments et qu'il représente l'une des clefs de l'évolution du monde.

Énergie nucléaire

Il est très instructif d'étudier l'« énergie de liaison par nucléon » des noyaux atomiques stables qui composent la

---

1. Il faut pour cela des circonstances très spéciales (voir chapitre 6).
2. Toujours selon la loi bien connue d'Einstein $E = mc^2$.

matière, c'est-à-dire leur énergie nucléaire divisée par le nombre de nucléons qu'ils contiennent. La figure ci-dessous montre les variations particulières de cette énergie en fonction du nombre de masse A : elle commence par augmenter jusqu'au fer, élément le plus étroitement lié de tous ceux qui existent, puis se met à diminuer.

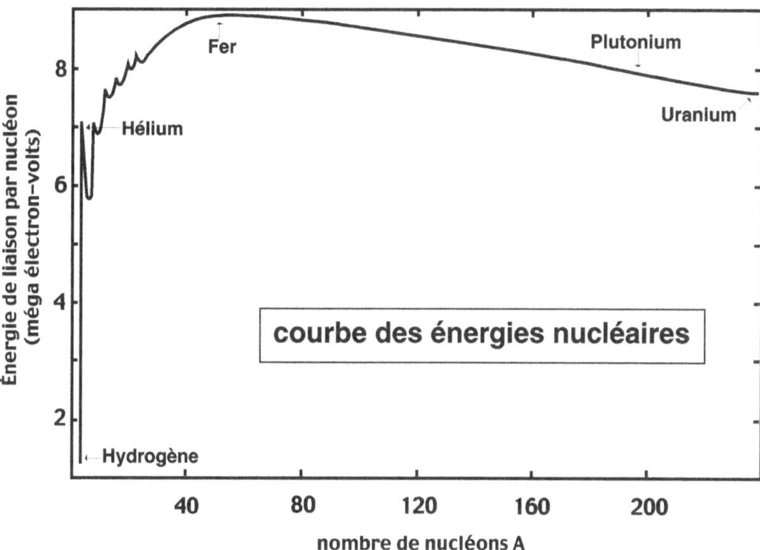

Figure 5-1
Cette figure représente l'énergie nucléaire des éléments, ou énergie de liaison, divisée par le nombre de nucléons A (nombre total de protons et de neutrons) présents dans leur noyau. Elle est donnée pour chaque élément en fonction de A. Le fer, élément qui possède la plus grande énergie de liaison, est le plus stable de l'Univers. Parmi les plus légers, certains sont plus stables que leurs voisins, en particulier l'hélium, qui possède des nombres « magiques » de protons et de neutrons. D'une manière générale, pour les éléments plus légers que le fer on récupère de l'énergie par fusion, en formant des éléments de plus en plus lourds, alors que pour les éléments plus lourds que le fer on récupère de l'énergie par fission, en cassant les éléments lourds pour en obtenir de plus légers.

Pour en comprendre la raison, nous devons retourner aux propriétés des interactions fondamentales[1] et comparer l'interaction forte, qui lie les nucléons dans le noyau, et l'interaction électromagnétique, qui tend à séparer les protons en raison de leur charge électrique. L'interaction forte est immensément plus intense que l'interaction électromagnétique, ce qui explique la stabilité des nombreux noyaux atomiques qui constituent la matière ambiante. Cependant l'interaction forte cesse d'agir à des distances supérieures à environ 1,5 fermis[2], ce qui n'est pas le cas pour l'interaction électromagnétique : au-delà d'une telle distance, celle-ci devient donc prépondérante.

En fait, la situation est assez compliquée. Il ne faut pas imaginer les nucléons comme un ensemble de billes dont certaines seraient à l'intérieur de la sphère d'action de l'interaction forte et les autres, à l'extérieur, seraient éjectées par l'interaction électromagnétique. La réalité physique s'exprime plutôt en termes de probabilités. Globalement, l'effet conjugué de l'interaction électromagnétique et de la portée de l'interaction forte revient à diminuer l'énergie de liaison moyenne des nucléons, d'une manière d'autant plus importante que le noyau est gros[3].

Les noyaux légers ont des dimensions de l'ordre de quelques fermis[4] : ils sont dominés par l'interaction forte. Dans ces conditions, plus le nombre de nucléons est

---

1. Voir chapitre 2.
2. Il s'agit de la « portée » des interactions, voir chapitre 2.
3. Il existe un autre effet, comme nous le verrons ci-dessous, qui vient s'ajouter à la répulsion électrique des protons : l'énergie cinétique des nucléons à l'intérieur du noyau ; elle augmente avec le nombre de nucléons et rend le noyau plus instable.
4. Le rayon des noyaux atomiques est approximativement donné, en fermis, par la relation : $R \approx 1,2\, A^{1/3}$.

important, plus le noyau est stable, et plus l'énergie de liaison par nucléon est élevée. Certains ont cependant une énergie de liaison plus importante que celle de leurs voisins. Ils correspondent aux « nombres magiques », c'est-à-dire aux couches complètes de protons ou de neutrons. C'est le cas de l'hélium, dont le noyau présente à la fois une couche complète de protons et une couche complète de neutrons. Il est « doublement magique », et donc particulièrement stable[1].

Il se produit un changement radical de comportement au niveau du fer : la dimension des noyaux devient alors trop importante comparée au rayon d'action de l'interaction forte pour que celle-ci reste prépondérante. Dès lors, plus les noyaux sont gros, plus ils perdent en stabilité. Pour les éléments très lourds, au-delà de l'uranium, l'énergie de liaison est tellement faible qu'ils sont tous instables.

Fusion et fission

Les alchimistes des temps anciens, qui essayaient par tous les moyens de transmuter les éléments pour en extraire ce qu'ils croyaient être le principe fondamental de toutes choses[2], étaient loin de se douter que cette transmutation se faisait sous leurs yeux, continuellement, au centre du Soleil et des étoiles !

---

1. Comme nous l'avons vu au chapitre 2, l'atome d'hélium, à l'état neutre, présente aussi une couche atomique complète d'électrons : en ce sens l'hélium neutre est triplement magique !
2. La « pierre philosophale ».

Les réactions nucléaires modifient les noyaux atomiques et les transforment en d'autres noyaux, plus ou moins lourds suivant les circonstances. Lorsque des noyaux légers réagissent pour donner des noyaux plus lourds, on parle de réactions de fusion. Au contraire, lorsque des noyaux lourds sont dissociés pour donner des produits plus légers, ce sont des réactions de fission.

La courbe des énergies de liaison montre que le comportement des noyaux atomiques change radicalement au niveau du fer. Les éléments plus légers que le fer, d'une manière générale, fournissent de l'énergie par réactions de fusion[1]. En effet, l'énergie de liaison devient plus élevée lorsque des noyaux légers se changent en noyaux plus lourds : la différence entre l'énergie finale et l'énergie initiale est libérée sous forme d'énergie nucléaire[2].

Pour les éléments plus lourds que le fer, ce sont au contraire les réactions de fission qui fournissent de l'énergie, et non pas les réactions de fusion. En effet, pour ces éléments l'énergie de liaison augmente lorsque les noyaux deviennent plus légers. Il faut donc les casser pour libérer de l'énergie nucléaire.

Ce sont des réactions de fusion qui se produisent dans le Soleil et les étoiles, et fournissent ce que nous appelons l'énergie solaire. Elles fabriquent des éléments lourds à partir d'éléments plus légers : c'est de cette manière que, avant la naissance du Soleil et de la Terre, se sont formés dans les étoiles les éléments dont nous sommes à présent constitués.

---

1. Dans les détails, il faut nuancer un peu cette affirmation en raison des pics d'énergie dus aux nombres magiques, mais elle est vraie globalement.
2. Rappelons que l'énergie de liaison correspond à l'énergie qui serait libérée vers l'extérieur si le noyau se formait directement à partir de ses composants.

Sur Terre, les hommes ont appris à domestiquer une autre sorte d'énergie nucléaire, due à la fission d'éléments lourds : l'uranium et le plutonium. Ils essaient à présent de récupérer de l'énergie à partir de fusion d'éléments légers, ce qui est techniquement très difficile. Nous reviendrons sur ce sujet au cours du chapitre 6.

La vallée de stabilité des nuclides

Heureusement pour nous, les atomes dont nous sommes constitués ne sont pas près de se désintégrer, car ils correspondent, pour chaque élément, aux isotopes les plus stables qui existent.

Pour bien comprendre pourquoi le monde est stable, en tout cas dans les fondements de sa matière, il faut revenir aux sources d'instabilité possibles et à la manière dont ces instabilités peuvent se produire. Un nuclide dont le nombre de masse A est égal à 14 peut être soit de l'azote 14, qui comprend 7 protons et 7 neutrons, soit du carbone 14, qui comprend 6 protons et 8 neutrons, soit de l'oxygène 14, qui comprend 8 protons et 6 neutrons, soit encore d'autres noyaux atomiques avec plus ou moins de protons ou de neutrons, à condition que la somme soit bien égale à 14. Parmi tous ces noyaux, seul l'azote 14 est stable. Plus on s'éloigne de la symétrie entre le nombre de protons et de neutrons, plus les noyaux sont instables.

Le carbone 14, noyau radioactif très connu pour son utilisation dans les datations, se transforme lentement en azote

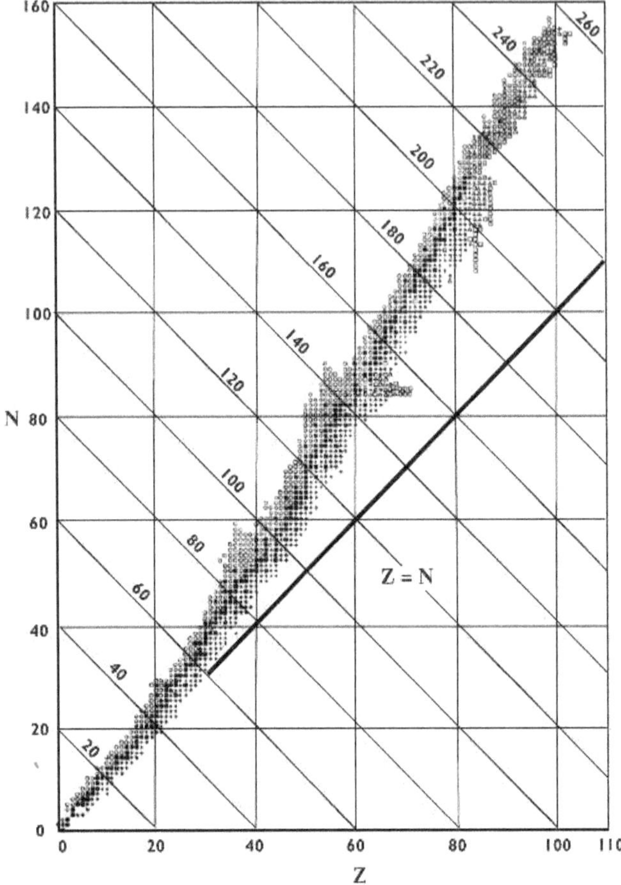

Figure 5-2

Ceci est la « vallée de stabilité » des noyaux atomiques. Elle représente le nombre N de neutrons en fonction du nombre Z de protons. Les points sombres marquent les noyaux stables. Les plus légers d'entre eux ont à peu près un nombre égal de protons ou de neutrons. Ce n'est plus le cas pour les plus lourds, en raison de leurs forces électriques internes. Les noyaux atomiques qui s'écartent de cette « vallée » sont radioactifs : ils possèdent un trop-plein soit de protons, soit de neutrons. La radioactivité consiste pour ces noyaux à transformer d'une manière naturelle les protons en neutrons ou inversement, pour « retomber » au fond de la vallée de stabilité. Les lignes diagonales fines représentent l'ensemble des noyaux de même nombre de masse ($A = N + Z$), indiqué sur chacune d'elles. La ligne diagonale épaisse montre la position des noyaux pour lesquels $Z = N$.

14 : l'un de ses neutrons se change en proton, par désintégration bêta moins. Sa demi-vie[1] est de 5 570 ans : on comprend qu'il soit utilisé pour dater des événements à l'échelle de l'histoire de l'homme ! L'oxygène 14, noyau radioactif moins connu que le carbone 14, se transforme lui aussi en azote 14, mais par désintégration bêta plus, où l'un des protons se transforme en neutron. L'oxygène 14 est extrêmement plus instable que le carbone 14 : sa demi-vie n'est que de 70,6 secondes[2] !

Ainsi, pour chaque nombre de masse A, il existe un ou parfois plusieurs nuclides stables alors que les autres sont instables. L'ensemble des nuclides stables constituent ce que l'on appelle la « vallée de stabilité ».

Par monts et par vaux

Pour les noyaux légers, la vallée de stabilité suit la ligne pour laquelle le nombre de protons est identique au nombre de neutrons. Elle s'en écarte pour les noyaux plus lourds. Ce comportement s'explique à nouveau par la conjugaison de l'interaction forte et de l'interaction électromagnétique.

Comme toujours dans la nature, les objets tendent vers l'état d'énergie le plus faible et, lorsqu'ils l'ont trouvé, ils y restent ! Dans le cas des noyaux légers, l'état d'énergie le plus

---

1. Rappelons que la demi-vie correspond précisément au temps au bout duquel il ne reste plus que la moitié des noyaux de départ.

2. À titre de comparaison, la demi-vie de l'uranium 235 est de 70 millions d'années et celle de l'uranium 238 de 4,5 milliards d'années, ce qui correspond à l'âge du Soleil et de la Terre.

faible est obtenu lorsqu'il y a en même temps le plus petit nombre de protons et le plus petit nombre de neutrons possibles. Cette situation correspond au cas où ces deux nombres sont égaux[1].

Dans le cas des noyaux lourds, comme nous l'avons vu ci-dessus[2], la répulsion électrique entre les protons prend de l'importance. Pour minimiser cet effet et éviter d'être déstabilisés, ces noyaux doivent entasser plus de neutrons que de protons, et ce d'une manière d'autant plus importante qu'ils sont plus lourds. Le résultat est que le fond de la « vallée de stabilité » s'éloigne de plus en plus de la ligne $N = Z$ (nombre de neutrons égal au nombre de protons). Par exemple le plomb de masse 208, nuclide stable, comprend 126 neutrons pour seulement 82 protons !

On constate aussi un comportement différent pour les nuclides de nombre de masse pair et ceux de nombre de masse impair. D'une manière générale, les noyaux qui possèdent un nombre pair de protons et de neutrons ont une énergie plus faible et sont donc plus stables que les autres[3]. Ce phénomène explique la possibilité d'avoir deux ou plusieurs nuclides stables de même masse, séparés par un ou plusieurs nuclides instables. Le cuivre 64, par exemple, comprend 29 protons et 35 neutrons alors que ses voisins le nickel 64 et le zinc 64 comprennent un nombre pair de chacun des deux

---

1. Rappelons qu'il s'agit ici de transformations de protons en neutrons et inversement ; pour le même nombre de masse A, si l'on s'écarte de la situation où les nombres de protons et de neutrons sont égaux, cela signifie que soit les protons soit les neutrons se trouvent en trop grand nombre, avec une trop grande énergie ; le noyau cherche alors à diminuer son énergie en rétablissant l'équilibre.
2. Voir p. 139.
3. Ce phénomène est relié au fait que les protons et les neutrons sont des fermions qui ont la capacité de « s'apparier » (voir chapitre 2, note 2, p. 56) : deux protons ou deux neutrons peuvent ainsi former un couple d'énergie plus faible que celle des deux particules prises séparément.

types de particules (28 protons et 36 neutrons pour le premier, 30 protons et 34 neutrons pour le second). Résultat : le nickel 64 et le zinc 64 sont stables alors que le cuivre 64 ne l'est pas ! Il se transforme soit en nickel par désintégration bêta plus, soit en zinc par désintégration bêta moins.

Ainsi se dessine la vallée de stabilité, si importante pour l'évolution de la matière dans l'Univers. Pour chaque masse nucléaire, il existe un ou plusieurs nuclides stables[1]. Les autres nuclides de même masse, instables, se modifient en transformant certains de leurs protons en neutrons ou inversement : ils diminuent leur énergie jusqu'à se stabiliser au plus bas, comme un rocher qui dégringole de la montagne jusqu'au fond de la vallée.

Dans le processus de formation des éléments, par réactions de fusion dans les étoiles, il arrive souvent que les nuclides formés s'écartent de la vallée de stabilité : ils y retombent alors bien vite pour s'y stabiliser. Par monts et par vaux, la matière se construit ainsi en permanence et longe la vallée jusqu'à sa limite, là où plus aucun élément n'est stable. Elle se perd alors dans l'immense plateau des éléments radioactifs mais n'y reste pas, car ces éléments finissent toujours par redescendre au fond de la région stable : nous en sommes les enfants !

---

1. Deux exceptions cependant : les nuclides de masse 5 ou 8 sont tous instables ; ils se désintègrent en hélium 4, noyau qui, nous l'avons vu, est extrêmement stable et compact par rapport à ses voisins ; par ailleurs, aucun élément au-delà de l'uranium ne peut être stable car les noyaux sont trop gros et l'interaction forte ne peut plus retenir les nucléons qui les constituent.

CHAPITRE 6

Travail d'étoile

Et nous avons cessé de réfléchir.
Richard FEYNMAN

Le 16 juillet 1945, la première bombe A explosait sur le site d'Alamogordo, dans le désert de Jordana del Muerto, au Nouveau-Mexique (États-Unis). Les plus grands physiciens américains, spécialistes de l'atome, y travaillaient depuis une dizaine d'années. En 1941 le président des États-Unis Franklin D. Roosevelt avait lancé officiellement le « projet Manhattan » dont le but était d'aboutir le plus rapidement possible à la fabrication d'une bombe directement utilisable dans la guerre contre les nazis. Pari réussi. Un millier de chercheurs scientifiques s'étaient installés à Los Alamos en 1943 pour mettre au point, dans le plus grand secret, l'engin de mort le plus terrifiant qui puisse exister. Il explose deux ans plus tard, d'abord pour un essai dans le désert, puis « pour de bon » sur les villes de Hiroshima et Nagasaki.

« Nous sommes tous des fils de pute », aurait dit le responsable des essais, Kenneth Bainbridge, à Robert Oppenheimer, directeur du centre de recherches de Los Alamos, le jour de la première explosion au Nouveau-Mexique. Mais ce soir-là l'allégresse était de mise à Los Alamos. D'après Richard Feynman, l'un des physiciens les plus connus parmi ceux impliqués dans le projet : « Tout le monde faisait la fête [...]. Ce qui nous est arrivé à tous est que nous avons commencé à faire quelque chose pour une bonne raison. Ensuite nous avons travaillé très dur pour y parvenir, avec plaisir, avec excitation. Et nous avons cessé de réfléchir[1]. »

Ce constat : « Et nous avons cessé de réfléchir » est terrible. Il exprime l'un des plus grands dangers des actions menées par les hommes : dans l'enthousiasme d'une recherche passionnante, d'un important défi à relever, surtout lorsqu'il concerne une communauté, une foule de gens communiant ensemble dans la même excitation, des personnes responsables, habituées à une grande richesse de pensée, peuvent *oublier momentanément de réfléchir*. Lorsque la pensée revient, il peut être trop tard.

L'état d'esprit des physiciens de l'époque s'explique par la peur du danger nazi. Dans une lettre célèbre adressée à Franklin D. Roosevelt, Albert Einstein explique le péril immense que serait pour la planète la mise au point d'une telle bombe par les nazis. D'où l'importance de la construire avant eux. L'enjeu était considérable et il est difficile à présent d'en mesurer tous les aspects. Mais était-il nécessaire par la suite, pour faire plier le Japon, de détruire deux villes importantes et d'innombrables vies humaines ?

---

1. Voir R. P. Feynman, *Vous voulez rire, Monsieur Feynman !*, Paris, Odile Jacob, 2000 et *Le Monde* du 17 juillet 2005.

La recherche militaire a continué dans le domaine du nucléaire et ce fut le début des armes de dissuasion, chacun se munissant d'engins capables de détruire la Terre entière dans l'idée que personne ne les utiliserait jamais : si le fait de faire disparaître l'autre conduit immanquablement à disparaître soi-même, on ne prend pas le risque. Était-ce véritablement un bon raisonnement ? Je ne le crois pas. Il reposait sur une représentation inexacte de l'esprit humain, ne tenant pas compte de son irrationalité ni du fait que, sous l'emprise d'un fanatisme, d'un ensorcellement religieux ou autre (lavage de cerveau) ou d'une excitation collective (effet de foule), *il oublie de réfléchir.*

L'époque des bombes nucléaires est souvent considérée comme révolue. Mais l'est-elle vraiment ? Rien n'est moins sûr. En tout cas les événements mondiaux récents ont montré que le fait de s'exposer soi-même à la mort n'empêche pas les fanatiques d'agir, lorsqu'ils se croient pénétrés de la présence et de la volonté divines.

Engins de mort

Les bombes qui ont détruit Hiroshima et Nagasaki utilisaient la fission d'éléments lourds, uranium ou plutonium. L'uranium 235, qui comprend 92 protons et 143 neutrons, est un isotope radioactif de longue durée de vie[1] existant dans la nature en faible quantité (0,7 %) par rapport à l'uranium 238, le plus abondant. En présence de neutrons d'énergies faibles (une fraction d'électron-volt, correspondant à une température

---

1. Sept cents millions d'années.

de quelques centaines de degrés), l'uranium 235 présente une propriété rare et remarquable, qui lui vaut d'être appelé « noyau fissile » dans le jargon nucléaire. Il est en effet capable d'absorber un neutron supplémentaire et de se transformer en uranium 236, lequel n'arrive pas à digérer le surplus de neutrons qui lui est imposé. Il tousse, oscille, se déforme et finalement se déchire en deux parties, parfois plus. Les résultats les plus courants de cette fission sont le brome, le krypton ou le zirconium, ainsi que l'iode, le xénon ou le baryum.

L'énergie produite par la fission est considérable. Un seul noyau d'uranium 235 peut fournir à lui seul jusqu'à 200 millions d'électron-volts. On peut comprendre l'exaltation des physiciens à essayer d'utiliser cette énergie phénoménale. Mais les éléments produits par la fission se retrouvent évidemment sous forme d'isotopes très instables, avec une proportion de neutrons beaucoup trop importante pour eux. Ils sont donc fortement radioactifs et se désintègrent en émettant toutes sortes de particules et radiations nocives.

Le plutonium 239 présente lui aussi la particularité d'être un noyau fissile, mais contrairement à l'uranium 235, il n'existe pas dans la nature. Il se fabrique de manière artificielle à partir de l'uranium 238 : lorsque celui-ci avale un neutron, il se transforme d'abord en neptunium 239, qui se désintègre ensuite en plutonium 239. Ajoutons que ce dernier est lui-même instable, avec une durée de vie de 24 400 ans. Mais s'il capture lui-même un nouveau neutron, il devient plutonium 240 qui, comme l'uranium 236, ne supporte pas son nouveau statut et se fissionne en émettant une très grande énergie. Le premier essai d'explosion nucléaire au Nouveau-Mexique avait pour but de tester la bombe au plutonium. C'est elle qui a détruit la ville de Nagasaki, après que celle d'Hiroshima eut disparu sous la première bombe à uranium.

Fusion nucléaire

Il existe deux moyens d'obtenir de l'énergie par des réactions nucléaires : la fission d'éléments lourds, que nous venons de discuter, ou la fusion d'éléments légers. Tout cela vient du fait que le fer est l'élément le plus stable, le plus lié de la nature[1] : les éléments plus légers que le fer fournissent de l'énergie en s'assemblant (fusion), alors que les plus lourds fournissent de l'énergie en se dissociant (fission). La mise au point d'une bombe utilisant la fusion nucléaire a suivi de peu les précédentes : c'est la bombe H. Elle est constituée d'un mélange de deutérium, tritium et lithium porté en moins d'une seconde à une température extrêmement élevée grâce à l'explosion d'une mini-bombe A. Il se produit alors une série de réactions de fusion nucléaire de ces éléments, qui s'emballe en produisant une énergie encore supérieure à celle des bombes à uranium ou plutonium.

La bombe H produit moins d'éléments radioactifs que la bombe A, ce qui lui a valu l'appellation de « bombe propre » dans les milieux militaires concernés. Mais comme le remarque Luc Valentin[2], c'est oublier le détonateur, l'« allumette à fission », la bombe A nécessaire à la mise en route de la fusion. Les isotopes radioactifs résiduels (strontium 90, iode 131, césium 137, etc.) restent encore en quantité non négligeable dans la nature cent ans après l'explosion. Ils provoquent leucémie, cancer des os, cancer de la thyroïde et

---

1. Voir chapitre 5.
2. Luc Valentin, *Physique subatomique. Noyaux et particules*, Hermann, collection « Enseignement des sciences ».

autres atrocités. De plus, les réactions de fusion elles-mêmes y ajoutent du tritium et du carbone 14, isotopes radioactifs très nocifs à dose élevée.

Pacifier le nucléaire ?

Utiliser les réactions nucléaires pour produire de l'énergie à des fins domestiques représentait le rêve de nombreux physiciens depuis la création des bombes. Il est devenu réalité pour les réactions de fission, pas encore pour la fusion. Le but est le même dans tous les cas : créer des engins (réacteurs) capables de produire les mêmes réactions que celles des bombes, mais sans exploser ! Le problème principal est que les neutrons émis à chaque instant sont réabsorbés pour produire de nouvelles réactions qui émettent de nouveaux neutrons, etc. : le système s'emballe et explose, ce qui est le principe même des bombes. Pour apprivoiser cette énergie, il faut donc réussir à limiter et contrôler, avec une grande précision, le nombre de neutrons produits par les réactions au cours du temps, ainsi que leur énergie qui doit être réduite pour devenir moins efficace. Une fission contrôlée consiste à gérer l'ensemble pour qu'il reste stable, en produisant à chaque instant uniquement ce qui va être réutilisé à l'instant suivant.

Le principe fonctionne : c'est celui de toutes les centrales nucléaires existantes. Mais le danger d'emballement n'est pas nul : nous en avons fait la douloureuse expérience avec l'explosion de la centrale de Tchernobyl, en 1986. Par ailleurs, il peut toujours exister des fuites d'éléments radioactifs, même si elles sont réduites au minimum possible, et le problème des éléments résultant des réactions, les déchets radioactifs, est encore loin d'être réglé. Les centrales nucléaires sont mentionnées par de nombreux chercheurs et politiciens comme les sources d'énergie les moins polluantes de la planète, car elles ne produisent pas de gaz à effet de serre. Mais comment qualifier le fait que des éléments radioactifs nocifs pour l'humanité sont stockés dans les sous-sols terrestres et resteront dangereux pour de nombreuses générations après nous ?

Le Soleil dans une éprouvette ?

De même que les bombes à fusion sont supposées laisser moins d'éléments radioactifs dans la nature que les bombes à fission (ce qui est sans doute vrai, mais ne les rend pas moins dangereuses), de même les centrales nucléaires utilisant la fusion sont *a priori* considérées comme beaucoup moins nocives que les précédentes. Mais elles n'existent pas encore ! Les problèmes à résoudre pour les construire sont multiples. Il faut tout d'abord trouver un moyen de les « allumer ». Les éléments de départ doivent être portés à l'équivalent d'une température de cent millions de degrés, ce qui n'est pas facile à atteindre ni à gérer. Cela équivaut à fournir un million de milliards de watts en une fraction de seconde. Comment obtenir, sans danger pour l'environnement, le même résultat que celui de la minibombe A dans le cas de la bombe H ? Par ailleurs les électrons et les noyaux atomiques contenus dans le réacteur ne doivent pas interagir avec les molécules des parois, car sinon les réactions nucléaires ne pourraient pas se poursuivre normalement : il faut prévoir un piégeage de la matière nucléaire dans un champ magnétique, ce qui n'est pas encore au point. Pas plus que le système de ralentissement des neutrons émis dans les réactions, pour qu'ils puissent être réutilisés d'une manière contrôlée[1].

Les pays du monde dits développés se sont accordés pour une recherche commune, ITER[2], qui devrait déboucher sur un prototype de centrale à fusion contrôlée. La réaction utilisée sera la fusion d'un noyau de deutérium avec un noyau de tritium, qui présente l'avantage de fournir plus d'énergie que les autres (17,6 millions d'électronvolts contre 4 millions d'électronvolts pour la réaction de fusion de deux noyaux de deutérium). De tous côtés, y compris chez les physiciens, on entend dire que les scientifiques vont ainsi reproduire sur Terre les réactions existant à l'intérieur du Soleil. C'est faux ! S'il est vrai que l'énergie solaire vient de réactions de fusion se produisant dans ses régions centrales, il s'agit de réactions très différentes, comme nous le verrons ci-dessous. Le Soleil, le vrai, n'est pas près de se laisser mettre en éprouvette !

---

1. Une autre difficulté est de se procurer le deutérium et le tritium nécessaires en grande quantité.
2. ITER est un sigle pour : *International Thermonuclear Experimental Reactor* (Réacteur thermonucléaire expérimental international) ; il est cependant très difficile de retrouver cette signification originale dans les articles publiés à son sujet ; sans doute ce nom paraît-il trop ardu et effrayant ; il est donc réservé aux seuls initiés, et remplacé pour le public par la signification du nom latin *iter*, « chemin », beaucoup plus rassurant !

La vie ne tient qu'à un fil

Que se passe-t-il au centre du Soleil ? D'où vient l'énergie qu'il nous envoie sous forme de lumière et de chaleur ? Énergie inépuisable, contrairement à toutes celles que nous pouvons récupérer sur la Terre, ou qui, plus exactement, ne s'épuisera pas avant la disparition complète de notre planète, dans cinq milliards d'années. Il s'agit de réactions de fusion nucléaire très différentes de celles étudiées sur la Terre pour les réacteurs à fusion contrôlée. Et pour cause : la première réaction solaire se produit très, très lentement. Il faut attendre plus de dix milliards d'années pour que la fusion de l'hydrogène s'accomplisse intégralement dans le Soleil. On n'imagine pas un ITER demandant de telles échelles de temps pour produire son énergie ! C'est une durée difficile à imaginer pour un homme, mais sans cette lenteur du Soleil, l'humanité n'existerait pas sur la Terre.

Il n'y a pratiquement pas de neutrons à l'intérieur du Soleil, qui est essentiellement composé d'hydrogène, d'hélium (10 % en nombre d'atomes) et d'éléments plus lourds en faible quantité. La première réaction de fusion se fait donc entre deux protons, ou noyaux d'hydrogène. Mais il n'existe pas de noyau atomique stable composé de deux protons : ce serait un isotope de l'hélium, l'hélium 2, qui n'est même pas capable de se former tant il est instable. Que se passe-t-il donc dans ce cœur solaire, dont la température est de 16 millions de degrés et la densité de l'ordre de 100 grammes par centimètre cube[1] ?

---

1. Voir *La Chanson du Soleil*, Albin Michel.

Lorsque deux protons se rencontrent dans ces conditions, il existe une probabilité infime mais non négligeable que, pendant la fraction de seconde où ils se côtoient avant de se séparer, l'un des protons se transforme en neutron. Dès lors leur mariage peut être consommé car l'association d'un proton et d'un neutron conduit au deutérium, isotope stable de l'hydrogène. Il s'agit donc d'un travail collectif : celui de l'interaction faible, qui règle la transformation de proton en neutron, et celui de l'interaction forte, qui les assemble en un seul noyau atomique.

Notre existence ne tient qu'à un fil : la faiblesse de cette réaction, délicate association qui permet, très lentement mais très sûrement, de brûler l'hydrogène solaire et de commencer la série de réactions qui le maintient en vie pendant si longtemps. Si cette réaction n'était pas si lente, le Soleil aurait disparu depuis longtemps et la vie animale n'aurait tout simplement jamais pu se développer sur la Terre, pas plus que l'homme.

Effet tunnel

Lorsque deux protons s'approchent l'un de l'autre, ils sont d'abord freinés par la répulsion électrique, puisqu'ils possèdent des charges de même signe. Ils ne peuvent entrer en contact et subir une réaction nucléaire que s'ils ont au préalable vaincu la force qui les éloigne l'un de l'autre. Pourtant, au centre du Soleil, l'énergie de répulsion électrique est environ mille fois plus grande que l'énergie cinétique moyenne des protons[1] :

---

1. C'est l'énergie correspondant à la vitesse aléatoire des protons dans le gaz stellaire, due à la température.

cela signifie que, pratiquement, les protons n'ont aucune chance de vaincre directement la force qui tend à les séparer. Elle se comporte comme une barrière infranchissable, la « barrière coulombienne ». Comment, dans ces conditions, les réactions de fusion sont-elles possibles au centre du Soleil ?

Ici intervient explicitement le phénomène de « traversée des murs » que nous avons discuté en détail au chapitre 2. Si, malgré tous les efforts possibles, aucune femme[1] ne peut passer à travers un mur de briques, en revanche les protons ont tout à fait la possibilité de « sauter » d'un côté ou de l'autre de la barrière coulombienne, sans passer par-dessus ! Ce phénomène, appelé pour des raisons évidentes « effet tunnel », résulte de l'incertitude sur la position des particules : sous certaines conditions, une particule peut se trouver soit d'un côté soit de l'autre de la barrière, sans qu'il soit possible de distinguer entre les deux possibilités.

Autrement dit, la plupart des protons qui se rapprochent les uns des autres et entrent en collision rebondissent et repartent chacun dans des directions opposées, mais il arrive parfois que l'un d'entre eux réussisse à pénétrer la barrière électrique de répulsion et s'accole à un autre proton pour débuter une réaction. C'est un peu comme les spermatozoïdes : il y a beaucoup de candidats et peu d'élus ! Non seulement la vie ne tient qu'à un fil, mais elle est en plus directement liée à la possibilité qu'ont les particules de traverser les murailles...

---

1. Aucun homme non plus !

Fusion naturellement contrôlée

Le très délicat contrôle des réactions de fusion qui fournissent l'énergie du Soleil est assuré par la nature d'une manière astucieuse, précise et robuste. Songez à quel point ce contrôle est nécessaire pour notre vie courante ! Que deviendrions-nous si l'énergie solaire se mettait tout à coup à augmenter ou diminuer, ne serait-ce que de quelques dizaines de pour-cent ? La Terre brûlerait sous une chaleur de plomb, ou deviendrait une boule de glace. Dans tous les cas nous disparaîtrions immanquablement : le dommage serait bien supérieur à celui prévu par le réchauffement climatique actuel, provoqué sur Terre par l'effet de serre.

Mais ce malheur ne se produira pas, car le Soleil est un thermorégulateur de tout premier plan. Si par hasard, pour une raison inconnue, sa température augmentait dans ses régions centrales, là où se produisent les réactions de fusion nucléaires, celles-ci auraient évidemment tendance à s'emballer, comme dans une bombe. Mais le surcroît d'énergie produit par ces réactions aurait pour conséquence immédiate une dilatation locale du gaz qui conduirait aussitôt à diminuer la température et tout rentrerait dans l'ordre.

Nous pouvons donc dormir sur nos deux oreilles : le Soleil est sous contrôle et la nature fait bien les choses. Elle a cependant placé sous nos yeux, pour nous éviter de manquer de vigilance, des cas où cette thermorégulation ne se produit pas. Il s'agit d'étoiles en fin de vie : les naines blanches. Ces étoiles sont si denses (60 % de la masse du Soleil concentrés dans une sphère de la dimension de la Terre) que leur gaz ne réagit plus de la manière habituelle. Lorsqu'il est chauffé, il ne se dilate plus. En principe ces étoiles très vieilles ne subissent aucune réaction nucléaire : après une existence active d'une dizaine de milliards d'années, elles se refroidissent tout doucement pour disparaître, comme des corps flottants qui n'ont plus la force de rayonner. Il peut cependant arriver un événement particulier lorsqu'elles ont un compagnon, c'est-à-dire lorsqu'elles font partie d'un ensemble de deux étoiles qui tournent l'une autour de l'autre. Dans ce cas, la matière du compagnon peut être attirée par la naine blanche et lui tomber dessus en pluie. Il se produit alors un échauffement local qui provoque des réactions nucléaires. Le gaz ne réagissant pas, ces réactions s'emballent et conduisent à une explosion. Les astrophysiciens les ont dénommées « novae » lorsque seule une partie de l'étoile s'emballe, ou encore, lorsque toute l'étoile explose, « supernovae de type Ia[1] ».

Soleil interne

Comme toutes les étoiles, le Soleil est une sphère auto-gravitante, c'est-à-dire une énorme boule de gaz chaud, constituée essentiellement d'hydrogène et d'une faible fraction de tous les autres éléments. La pression du gaz à l'intérieur de la sphère tend à le repousser vers l'extérieur, mais il résiste à cause de son poids, qui le retient vers l'intérieur. L'ensemble conduit à un équilibre très stable. Il subit cependant des fuites, car tout gaz chaud rayonne d'une manière naturelle et les étoiles n'échappent pas à cette règle, fort heureusement pour nous car nous ne pourrions pas exister sans la lumière du Soleil !

---

1. Voir chapitre 3, note 2, p. 94.

La couleur du rayonnement émis par une étoile et son intensité dépendent de sa température : le Soleil, dont la température superficielle est de 5 800 degrés, a son maximum de rayonnement dans le domaine directement visible par l'œil humain. Ce n'est sans doute pas un hasard : au cours de l'évolution des espèces, la structure et les capacités de nos propres yeux se sont adaptées pour recevoir le rayonnement solaire avec la plus grande efficacité possible.

Dans les régions centrales du Soleil (environ 20 % du rayon) se produisent les réactions nucléaires. Au centre la température est de 16 millions de degrés, la densité de 135 grammes par centimètre cube (soit plus de 100 fois la densité de l'eau) et la pression d'environ 200 milliards de fois la pression atmosphérique !

L'énergie produite par les réactions nucléaires se propage vers la surface sous forme de photons de lumière, qui sont sans arrêt absorbés et réémis par les atomes qu'ils rencontrent sur leur chemin, jusqu'à une fraction du rayon de 72 %. Au-dessus se produit un phénomène particulier : des bulles de gaz se mettent à monter vers la surface et d'autres à descendre, comme l'eau qui bout dans une casserole. Il s'agit d'un phénomène de convection, comme celui qui se produit dans l'air ambiant au-dessus de ces systèmes de chauffage qu'on appelle justement « convecteurs[1] ».

Tout compris, il faut plusieurs dizaines de millions d'années à l'énergie produite au centre du Soleil pour arriver jusqu'à la surface ; autrement dit, lorsque nous prenons un bain de soleil, la lumière qui nous fait bronzer provient de réactions nucléaires qui se sont produites plusieurs dizaines de millions d'années auparavant !

---

1. Voir *La Chanson du Soleil*, *op. cit.*

Énergétique

Comment une étoile peut-elle compenser l'énergie perdue par rayonnement et préserver un équilibre presque parfait ? Après sa formation à l'intérieur d'une nébuleuse, au cours de ses premières dizaines de millions d'années, le centre de l'étoile n'est pas assez chaud pour initier les réactions de fusion nucléaire. Dans ces conditions, la sphère gazeuse se contracte lentement en perdant son énergie. Mais au cours de la contraction, la température centrale augmente et il arrive enfin un moment où les réactions de fusion nucléaire commencent à s'allumer. Pas besoin de bombe A ni de rien d'équivalent pour « allumer » les étoiles ! C'est leur évolution naturelle, lente et inexorable, qui les conduit à acquérir la température nécessaire. À partir de là l'équilibre énergétique s'établit de lui-même : la température centrale s'ajuste très précisément pour que l'énergie fournie par les réactions de fusion nucléaire équilibre celle qui est perdue par rayonnement : la fusion contrôlée s'est mise en place spontanément. Pour le Soleil, cela peut durer dix milliards d'années.

Le Soleil évolue !

L'équilibre ainsi obtenu est presque parfait mais il se passe tout de même un phénomène important et irréversible : les réactions de fusion transforment la matière ! La première réaction, si lente, qui conduit à la formation de deutérium à partir de deux protons, est suivie par des réactions beaucoup plus rapides : le deutérium capture un nouveau proton pour donner de l'hélium 3 ; puis les noyaux d'hélium 3 réagissent entre eux pour donner de l'hélium 4.

Le résultat global de ces réactions de fusion est la transformation de quatre protons en un noyau d'hélium 4, qui libère 27 millions d'électron-volts. Actuellement, à l'intérieur du Soleil, 564 millions de tonnes d'hydrogène sont ainsi brûlées chaque seconde. Sur ces 564 millions de tonnes, 560 millions se retrouvent sous forme d'hélium. Les 4 millions de tonnes restants sont transformés en quatre cent mille milliards de milliards de kilowatts ($4 . 10^{26}$ watts).

L'étoile tout entière doit donc se réajuster en permanence, sous l'effet de la modification de sa composition interne qui change sa pression, sa densité et sa température. Les calculs montrent que, dans ces conditions, elle devient de plus en plus brillante au cours du temps : l'énergie solaire était 10 % plus faible il y a quatre milliards d'années !

Cette variation n'est pas du tout sensible à l'échelle humaine : c'est la raison pour laquelle les scientifiques spécialistes du climat terrestre considéraient depuis toujours l'énergie solaire comme une constante[1]. Lorsqu'ils ont cherché à reconstituer le lointain passé climatique de la Terre, depuis sa formation, ils ont fait des calculs erronés car ils ne tenaient pas compte de l'augmentation d'énergie au cours du temps. Ils ne la connaissaient pas : elle a été découverte par les astrophysiciens. À présent ils en tiennent compte.

---

1. La « constante solaire », 342 watts par mètre carré, énergie solaire reçue au-dessus de l'atmosphère terrestre (voir *La Chanson du Soleil, op. cit.*, p. 34).

Vous appelez ça une vie ?

Il est très souvent question, dans les livres d'astronomie, de la « vie » et de la « mort » des étoiles. Est-ce vraiment une vie ? Évidemment non. Une étoile est un objet fait de matière inerte, et uniquement de cela. Mais elle évolue en permanence, depuis sa formation dans la matière interstellaire (sa « naissance »), jusqu'à sa disparition (sa « mort »). Tout au long de son existence, sa taille et sa masse gigantesques lui confèrent des propriétés fascinantes, bien éloignées de celles des objets que nous manipulons quotidiennement.

La « vie » d'une étoile est ponctuée par des phases de grande stabilité liées aux réactions nucléaires, entrecoupées de périodes d'évolution rapide[1], lorsque le combustible est insuffisant ou la température intérieure trop faible pour lui permettre de brûler. Dans ces cas-là, comme un travailleur de force qui ne compense pas l'énergie dissipée dans l'effort par une nourriture adéquate, elle commence par maigrir dans ses régions centrales : son cœur se contracte et en même temps s'échauffe. L'augmentation interne de température conduit alors à une dilatation des régions externes : l'étoile se met à gonfler ! Elle devient géante, puis éventuellement, si sa masse le permet, supergéante.

Pendant toutes ses phases de stabilité, l'étoile transforme la matière grâce aux réactions nucléaires. En fin de vie, si sa masse est au moins 6 à 8 fois supérieure à celle du Soleil, elle explose. Comme nous le verrons au prochain chapitre, les

---

1. Pour une étoile, « rapide » signifie une évolution avec une échelle de temps de l'ordre du million d'années : c'est effectivement rapide comparé à dix milliards d'années, durée de vie du Soleil.

explosions d'étoiles sont fondamentales pour comprendre l'abondance des éléments chimiques dans l'Univers et leurs rapports isotopiques. En effet la matière des étoiles est alors portée à une température de plusieurs milliards de degrés en un temps très court. De véritables bombes cosmiques !

Apprentis sorciers

Ainsi les étoiles réussissent-elles l'exploit vers lequel tendaient les alchimistes : la transformation du plomb en or... Mais pour cela il faut des moyens que seules les étoiles possèdent. Les hommes espèrent réaliser sur Terre des réacteurs semblables aux cœurs nucléaires des étoiles. Mais comme nous l'avons vu, ils ne pourront jamais recréer les mêmes conditions, contrairement à la publicité qui en est faite. Les étoiles comme le Soleil sont programmées pour durer dix milliards d'années, et les réactions nucléaires qui s'y produisent sont réglées sur la première, terriblement lente car elle nécessite la transformation d'un proton en un neutron. La réaction de fusion que l'on se propose d'utiliser dans les réacteurs terrestres (deutérium plus tritium) se produit elle aussi dans les étoiles, mais d'une manière très mineure. Elle n'est pas du tout à l'origine de l'énergie solaire.

Il est bien présomptueux pour les hommes de vouloir rivaliser avec les étoiles. Ce sont des apprentis sorciers, qui jouent avec le feu. Ont-ils raison de le faire ? Il n'y aura bientôt plus de pétrole sur la Terre. Comment réagir à cette situation ? Deux solutions sont possibles *a priori* :

1) adapter la consommation mondiale aux ressources naturelles de la planète et de son environnement ;

2) adapter les ressources énergétiques à la consommation mondiale, en continuelle augmentation.

Le mieux pour l'avenir de la planète et de nos descendants serait de se tourner vers les énergies naturelles : l'énergie solaire, inépuisable pour nous, l'énergie éolienne, l'énergie des chutes d'eau, des marées océaniques, etc. Il semble cependant que ces énergies ne suffisent pas à la consommation actuelle de l'humanité. Un problème souvent cité est celui du Danemark, qui s'est ouvertement orienté vers l'énergie éolienne, naturelle et non polluante. Malheureusement, il n'a pas pu (ou pas su) adapter la consommation du pays à l'énergie éolienne disponible, ce qui l'oblige à compenser par des énergies polluantes.

La logique d'un avenir serein voudrait que l'humanité adopte la première solution en adaptant volontairement ses besoins aux ressources de la planète. Elle en est malheureusement incapable. Jamais l'homme, de lui-même, n'acceptera de renoncer à ses privilèges, sauf s'il y est absolument forcé. Nous vivons dans une société de consommation dans laquelle la logique consiste au contraire à créér de plus en plus de besoins. Les appareils ménagers sont à présent fabriqués pour ne durer que quelques années. On les jette alors, au lieu de les réparer, pour en acheter de plus performants. Les ordinateurs deviennent caducs en deux ans. Les produits alimentaires sont conservés dans du plastique, souvent en portions individuelles jetables. Que de gâchis ! Ce qu'il faudrait, c'est réapprendre à vivre avec moins de besoins, en restant plus proche de la nature, en dépensant moins d'énergie et en rejetant moins de déchets. Mais ceci est contraire à la logique économique de nos pays développés et à leur volonté de croissance.

Les hommes ont choisi : l'avenir dira s'ils ont eu raison.

Astration

*Je pense que les étoiles sont généralement
suspectées d'être les creusets
dans lesquels les atomes légers qui abondent
dans les nébuleuses sont associés
en éléments plus complexes.
Dans l'étoile la matière subit son assemblage préliminaire
pour préparer la plus grande variété d'éléments nécessaires
pour un monde vivant[1].*
Sir Arthur EDDINGTON, 1926

Dans l'avion de la compagnie marocaine qui allait d'un instant à l'autre nous déposer à Marrakech, en provenance de Paris, j'entendis récemment le pilote nous annoncer avec enthousiasme et fierté : « N'oubliez pas de retarder vos montres de deux heures : nous ne changeons pas de fuseau horaire mais au moins, nous les Marocains, nous vivons à l'heure de la nature ! » C'est un vrai bonheur pour moi d'arriver dans un

---

1. Traduction de l'auteur.

pays où les hommes n'ont pas encore inventé de décaler complètement le temps de leur vie par rapport aux rythmes naturels.

Le plus étrange se produit si l'on traverse la frontière de l'enclave espagnole de Ceuta, pendant l'été : à l'intérieur, le temps légal se déroule avec deux heures de décalage par rapport à l'extérieur ! C'est que Ceuta fait partie de l'Europe : les politiciens ont décidé que toute l'Europe devrait vivre à la même heure, d'ouest en est, alors qu'elle s'étend en réalité sur plusieurs fuseaux horaires. Je n'en ai jamais compris la nécessité. Dans certains pays, en particulier en Inde, c'est l'extrême inverse : il existe des sous-fuseaux horaires d'une demi-heure pour que la population puisse vivre avec une heure légale la plus proche possible de l'heure solaire réelle !

Que sont devenues les belles et chaudes nuits d'été, celles chantées par Hector Berlioz[1] ou Jacques Offenbach[2] ? J'ai conscience de faire partie d'une minorité. La plupart des personnes interrogées se déclarent favorables au changement d'heure qui permet de veiller tard le soir avec un ciel toujours clair. Mais c'est pour moi une preuve supplémentaire du décalage des civilisations européennes par rapport à la nature. « Vous n'avez qu'à attendre la tombée de la nuit si vous l'aimez tant ! » me dit-on parfois. C'est sûr, mais il faudrait aussi retarder les obligations matinales : on trouve ici l'autre aspect néfaste de ces mesures, qui touche surtout les enfants. Lorsque le réveil sonne à sept heures le matin, il n'est en fait que cinq heures au Soleil. Et cela, nos corps le savent et se fatiguent. Le rythme circadien[3] est profondément inscrit dans nos cellules. Même si nous souhaitons lui échapper et la dominer, la nature nous tient.

---

1. *Nuits d'été*, opus 7.
2. « Barcarolle » des *Contes d'Hoffmann*.
3. Rythme journalier, en particulier variations journalières des hormones.

Les médecins le savent bien : certaines prises de sang, par exemple, doivent être effectuées à des heures précises de la matinée pour que les dosages hormonaux soient significatifs. Mais lorsque je demande à l'infirmier si l'heure du test hormonal change avec l'heure d'été, il me regarde avec des yeux ronds. Il n'a pas du tout conscience du fait que nos cellules sont liées au rythme solaire, non pas à celui imposé par les hommes politiques !

Une objection fréquente à cette discussion consiste à évoquer le décalage horaire subi par les voyageurs qui s'envolent vers des pays lointains : à une époque où l'on change d'heure aussi facilement, que signifie un rythme circadien ? Mais cette objection est rapidement balayée. La difficulté d'adaptation à l'arrivée, les problèmes hormonaux dont souffrent souvent les personnes qui voyagent très fréquemment, montrent bien que nos corps ne peuvent pas être ainsi ballottés sans risque, même s'ils savent s'adapter, jusqu'à ce qu'ils craquent.

Nous sommes faits d'éléments cosmiques, nous suivons les rythmes cosmiques, notre destin est cosmique. Notre bonheur dépend de la conscience profonde de notre relation au cosmos. Dans ce chapitre, nous allons pénétrer les secrets des galaxies, dans lesquelles les étoiles se forment, vivent et explosent en produisant tous ces éléments sans lesquels nous n'existerions même pas.

La Voie lactée,
berceau d'étoiles

Pour réussir à observer la Voie lactée, par une belle nuit d'été, il faut veiller tard. Rares sont les enfants des villes qui ont eu la chance de contempler ce merveilleux spectacle nocturne. Pour le voir dans toute sa splendeur, il est aussi nécessaire de s'éloigner des éclairages publics, dans la campagne, en montagne, ou mieux : dans le désert. Là se déroule au-dessus de nos têtes le chemin laiteux que nos ancêtres admiraient chaque nuit tranquillement depuis leurs jardins, avant l'avènement de l'électricité qui occulte le ciel nocturne.

Mais la Voie lactée cache bien son jeu : ce n'est pas un long fleuve tranquille ! À l'intérieur, cela grouille de toutes parts. Nous ne pouvons pas nous en rendre compte directement car les mouvements ne sont pas à notre échelle. Tout est immense là-haut : l'espace et le temps dépassent notre entendement. Mais les astronomes ont petit à petit appris à construire les instruments nécessaires pour décrypter le langage de la Voie lactée et rendre compréhensibles à l'intelligence humaine les événements grandioses qui s'y produisent en permanence.

La Voie lactée n'est pas un chemin uniforme. Un œil attentif découvre plusieurs ramifications, séparées par des zones sombres. Nous observons ainsi l'ensemble du disque de notre Galaxie : deux cents milliards d'étoiles batifolant dans un bain de gaz interstellaire, parfois concentré en nébuleuses brillantes.

La naissance des étoiles

Les astronomes savaient depuis longtemps que les étoiles naissent dans les nébuleuses gazeuses des galaxies. Ils l'avaient prouvé par leurs calculs. Mais à présent, grâce aux instruments modernes d'observation[1], nous pouvons voir directement les embryons stellaires et les étudier.

Les nébuleuses gazeuses contiennent des atomes (principalement de l'hydrogène, mais aussi de l'hélium et tous les éléments chimiques possible, selon la courbe d'abondances standard), des molécules (parfois très complexes), et des grains de poussière. Elles sont sans arrêt soumises à des phénomènes violents : ondes de choc en provenance d'explosions d'étoiles, mouvements de toutes sortes liés à la rotation de la Galaxie, aux ondes qui la traversent et aux collisions diverses. Lorsqu'une masse de gaz se trouve, par hasard, suffisamment comprimée, elle peut s'effondrer sous l'effet de son propre poids et devenir une « protoétoile », c'est-à-dire un embryon stellaire.

Les observations et les calculs récents montrent que la protoétoile est souvent enfouie dans un disque de gaz et de poussières. Cette situation résulte simplement du fait que tout tourne dans l'espace. La future étoile se forme au centre d'une masse tournante qui s'aplatit comme une crêpe autour d'elle. Ce destin est « normal » pour n'importe quelle masse de gaz en rotation, à toutes les échelles : c'est pour la même raison que les galaxies spirales comme la nôtre ont une forme de disque enflé au centre.

---

1. En particulier le télescope spatial Hubble, dans le domaine visible, et le télescope spatial IRAS, dans le domaine infrarouge.

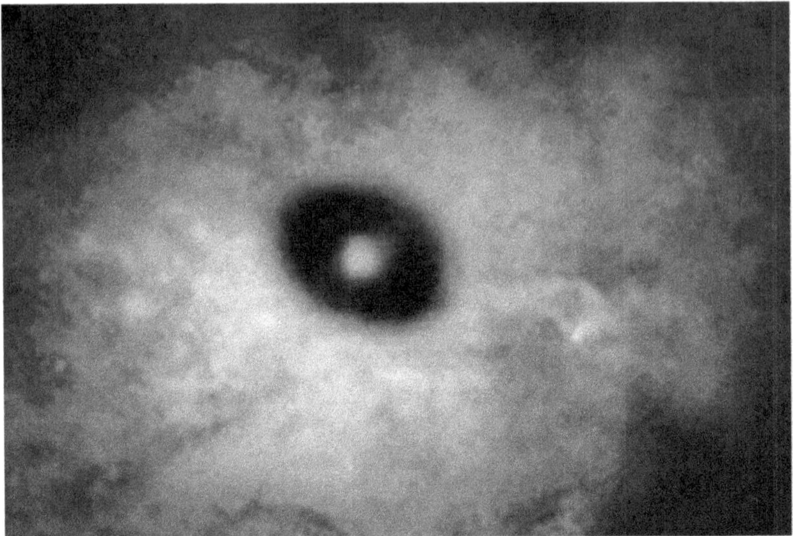

Figure 7-1
Naissance d'étoile dans la nébuleuse d'Orion. L'étoile en formation est entourée d'un disque de gaz et de poussières qui donnera peut-être plus tard naissance à des planètes (image Hubble Space Telescope).

Les études récentes de formation stellaire montrent que les protoétoiles sont souvent dérangées dans leur petite vie primitive, car elles doivent immédiatement faire face à la collectivité. Beaucoup d'étoiles différentes se forment en même temps dans la même nébuleuse, et sont chacune animées de vitesses particulières, dues au hasard de leur processus de formation.

Ainsi, comme les poussières dans l'air chaud, les jeunes étoiles bougent dans tous les sens, se choquent et s'entrechoquent. Au cours des collisions, il se passe des échanges bizarres : une jeune étoile peut repartir avec le disque d'une autre, qu'elle a subtilisé au passage. Des étoiles doubles, formées l'une près de l'autre et liées dans leurs mouvements, peuvent se séparer, et inversement des étoiles célibataires peuvent s'apparier. Il est étrange pour nous de penser que le jeune Soleil a sans doute subi de telles collisions avant de se stabiliser avec son disque protoplanétaire. Que de hasards dans les préludes de notre existence sur la Terre !

L'œuf et la poule ?

D'après les connaissances actuelles, les étoiles qui se forment « sous nos yeux[1] » résultent d'une compression de gaz interstellaire essentiellement provoquée par des explosions de supernovae, c'est-à-dire d'autres étoiles en fin de vie. S'il faut que des étoiles existent déjà pour provoquer la naissance des autres, comment tout cela a-t-il pu commencer ? Voici donc une nouvelle version du paradoxe de l'œuf et de la poule, dans lequel les étoiles accouchent d'autres étoiles depuis les origines...

Mais nous avons des exemples, dans d'autres galaxies, de formations d'étoiles dues à des phénomènes différents. Le plus spectaculaire provient des collisions entre les galaxies elles-mêmes : circonstances certainement fréquentes dans les débuts de l'Univers, lorsque la densité de matière était beaucoup plus grande qu'à présent et les galaxies beaucoup plus rapprochées les unes des autres. Le télescope spatial Hubble en a dévoilé plusieurs exemples frappants. L'un des plus connus est la galaxie dite « de la roue de charrette », qui a été percutée de plein fouet par une autre encore visible à ses

____

1. Attention : une étoile se forme en quelques dizaines de millions d'années. Ce que nous voyons « sous nos yeux », ce sont des étoiles en formation, dans diverses étapes de leur évolution vers l'état de stabilité.

côtés. Sous le choc, une onde de matière a été éjectée dans l'espace en prenant une forme circulaire, et le gaz qu'elle contenait s'est trouvé fortement comprimé : cette compression a induit la formation de myriades d'étoiles. Un autre exemple de formation d'étoiles sous forme d'anneau induite par une onde de choc est donné dans la figure ci-dessous.

Figure 7-2
Naissance d'étoiles près du cœur d'une galaxie : une onde de choc a produit un spectaculaire anneau d'étoiles nouvelles (image Hubble Space Telescope).

Le destin des embryons stellaires

Dans tous les cas, quel que soit le processus initial de formation, l'avenir de la protoétoile est déterminé de façon inéluctable par sa masse. Elle continue à se condenser lentement en émettant un rayonnement intense (dix à cent fois le rayonnement solaire). En se condensant elle s'échauffe au centre et sa température centrale augmente jusqu'à atteindre la valeur suffisante pour que commencent les réactions nucléaires de fusion d'hydrogène en hélium. Elle se stabilise alors[1].

En fait, toutes les condensations de gaz interstellaire ne parviennent pas à devenir de véritables étoiles. Seules les sphères gazeuses de masse supérieure à 0,08 fois la masse du Soleil atteignent une température suffisante pour « allumer » les réactions nucléaires qui vont leur permettre de se stabiliser. Les autres deviennent soit des « étoiles ratées », ou « naines brunes », soit des planètes géantes.

Il existe aussi une limite supérieure à la masse possible des étoiles : les sphères gazeuses qui ont plus de cent fois la masse du Soleil ne peuvent pas perdurer car la pression du rayonnement et les réactions nucléaires provoquent des instabilités qui les démantèlent.

Suivant leur masse initiale, les étoiles se stabilisent avec des températures et des énergies différentes. Les étoiles plus massives sont plus chaudes, émettent un rayonnement plus intense et vivent moins longtemps que les étoiles de plus petite masse. Nous avons vu que le Soleil a une température extérieure de 5 800 degrés et que sa durée de vie est de dix

---

1. Voir chapitre 6.

milliards d'années. En revanche, une étoile de 10 masses solaires se stabilise avec une température superficielle de 20 000 degrés : elle est de couleur bleue. Elle rayonne 1 000 fois plus que le Soleil et cesse d'exister après une centaine de millions d'années seulement.

Dans tous les cas les réactions nucléaires qui se produisent dans les étoiles, au cours de leur phase de stabilité la plus longue, ont pour bilan global la fusion de quatre noyaux d'hydrogène en un noyau d'hélium, même si les détails de cette fusion sont différents dans les « petites » et les « grandes » étoiles.

La fusion de l'hélium

Lorsque le combustible d'hydrogène a disparu, le centre de l'étoile se contracte et sa température augmente. Dans le même temps ses régions externes se dilatent et son rayon global croît considérablement. Il s'agit d'une période d'évolution rapide. Finalement, tout se stabilise à nouveau lorsque la température centrale est suffisante pour la fusion nucléaire d'hélium en carbone. L'étoile est alors une « géante rouge », quelques centaines de fois plus grosse que le Soleil actuel.

La combustion de l'hélium est une réaction nucléaire bien particulière. En effet, la fusion de deux noyaux d'hélium 4 devrait conduire à un noyau de béryllium 8, lui-même très instable : en 10^{-16} seconde, il se scinde en deux pour redonner deux noyaux d'hélium 4, comme à l'origine ! Dans les conditions régnant à ce moment-là au cœur des étoiles, il n'existe pas plus d'un noyau de béryllium 8 pour un milliard de noyaux d'hélium 4. C'est très peu mais suffisant pour qu'un troisième hélium vienne s'accoupler au béryllium… et former ainsi du carbone 12, lui-même très stable.

Au milieu du XXe siècle, cette fusion d'hélium en carbone représentait un casse-tête pour les astrophysiciens, car la réaction semblait infiniment peu probable et ne permettait pas d'expliquer l'existence des géantes rouges. L'astronome britannique Fred Hoyle suggéra en 1955 que le noyau de carbone était peut-être mal connu. Il avait calculé que si ce noyau possédait un niveau d'énergie[1] correspondant à 7,6 millions d'électron-volts, la probabilité que la réaction se produise deviendrait beaucoup plus grande et permettrait de comprendre la formation du carbone dans l'Univers ainsi que l'existence les géantes rouges. Les physiciens nucléaire recherchèrent ce niveau d'énergie inconnu grâce à des expériences en laboratoire et le découvrirent.

Ainsi va le monde : sans ce niveau d'énergie particulier nous n'existerions même pas ! C'est lui qui permet à la fusion de trois noyaux d'hélium de produire l'élément charnière de la vie, au sein des étoiles, lorsqu'elles se trouvent dans la phase de géantes rouges.

Supergéantes

De nombreuses autres réactions de fusion nucléaire se produisent à cette étape, impliquant le carbone, l'azote, l'oxygène. Ces éléments peuvent continuer à capturer des noyaux

---

1. Voir chapitre 2, « Modèle en couches des noyaux atomiques ».

d'hélium et monter ainsi en masse : fluor, néon, magnésium, silicium…Mais lorsque l'énergie nucléaire est à nouveau insuffisante, tout recommence : le cœur de l'étoile se contracte à nouveau, l'extérieur se dilate et l'étoile devient supergéante.

Les réactions nucléaires reprennent alors à une température plus élevée : lorsque le cœur stellaire atteint le milliard de degrés, les noyaux de carbone peuvent fusionner entre eux, ainsi que ceux d'oxygène. Cela produit du silicium, du soufre, du phosphore… et peut même atteindre le fer, élément le plus stable de l'Univers. Ces réactions nucléaires particulières fournissent aussi des neutrons, indispensables à la formation d'éléments lourds jusqu'à l'uranium, comme nous le verrons ci-dessous. Mais ces diverses étapes ne peuvent pas se produire dans toutes les étoiles : seules les plus massives y parviennent.

La fin des étoiles

Comment disparaissent les étoiles ? Ici encore, le scénario dépend de la masse. Lorsque le Soleil aura épuisé tout son combustible, dans cinq milliards d'années, ses régions externes grandiront, grandiront… jusqu'à atteindre les planètes qui l'entourent et les avaler, à moins qu'elles n'aient été éjectées auparavant dans l'espace interstellaire. Tout ce gaz se dispersera alors sous la forme d'une belle nébuleuse. Ce qui restera du cœur solaire deviendra une naine blanche, d'une dimension semblable à la Terre, avec une composition bien particulière : ancien noyau central de l'étoile, elle possède en général un cœur de carbone et d'oxygène, entouré d'une couche d'hélium et parfois (pas toujours) d'une région super-ficielle d'hydrogène. Une fois libérée de son cocon nébulaire, la naine blanche se refroidit doucement (cela prend quelques milliards d'années) avant de disparaître aux yeux du monde en se cristallisant.

Une étoile plus massive que le Soleil (environ 6 à 8 fois, la limite n'est pas certaine) termine son existence d'une manière autrement plus violente : elle explose. C'est une « supernova de type II[1] ». Les explosions d'étoiles sont relativement fréquentes : une tous les cinquante ans par galaxie. La plus importante observée récemment est la supernova 1987a, observée dans le Grand Nuage de Magellan, satellite de notre Galaxie. Elle avait en réalité explosé cent soixante-huit mille ans plus tôt, mais il a fallu tout ce temps à la lumière de l'explosion pour parvenir jusqu'à nous[2].

Bombes cosmiques

Tout le devenir des éléments chimiques se joue dans les explosions d'étoiles. La matière qui explose est brutalement portée à des températures extrêmes, de plusieurs milliards de degrés, ce qui conduit à la formation rapide de nouveaux éléments, eux-mêmes immédiatement éjectés dans le gaz interstellaire par la force de l'explosion. Le tout s'accompagne d'ondes de choc qui provoquent éventuellement la condensation de nouvelles étoiles, enrichies en nouveaux éléments.

---

1. Voir chapitre 3, p. 77, et note 2 p. 94.
2. C'est la distance du Grand Nuage de Magellan en années-lumière.

Figure 7-3
Étoile en fin de vie (au centre de l'image) : elle laisse déjà échapper de la matière qui se mélange au milieu interstellaire. Plus tard, d'autres étoiles naîtront par condensation de cette matière (photo Canada-France-Hawaii Telescope, J.-C. Cuillandre).

Dans l'explosion des supernovae de type Ia[1] se produisent des réactions nucléaires violentes de combustion du carbone, de l'oxygène, du néon qui conduisent à la formation d'éléments lourds jusqu'au fer. Les calculs montrent que le

---

1. Explosion d'une naine blanche dans un système double : voir chapitre 3, note 2, p. 94.

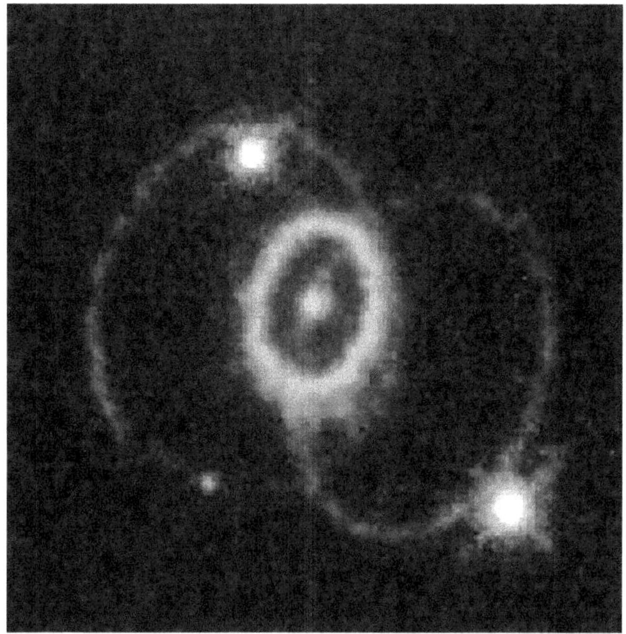

Figure 7-4
La supernova de 1987 (Figure 3-1), quelques années après l'explosion. Elle a laissé échapper de spectaculaires anneaux de matière.

fer et les éléments voisins sont deux fois plus produits dans
ce type d'explosion que les éléments intermédiaires, du silicium au carbone. Il semble donc que ces bombes cosmiques
soient de grands producteurs de fer et que les autres éléments
proviennent essentiellement d'autres types d'explosions.

Les explosions d'étoiles en fin de vie, ou supernovae de
type II[1], ont au départ un cœur de fer, qui s'effondre et se
contracte jusqu'à atteindre des densités de l'ordre de celle du
noyau atomique, rebondit, provoque une onde de choc, porte

---

1. On distingue aussi les supernovae de types Ib et Ic, qui, comme celles de
type II, correspondent à certaines sortes d'explosions d'étoiles massives.

la matière à des températures très élevées et éjecte les couches extérieures tout en produisant des éléments lourds par réactions nucléaires explosives. L'énergie est immense (un milliard de milliards de fois celle du Soleil). Au centre reste souvent une toute petite étoile, encore plus petite et plus dense qu'une naine blanche, appelée « étoile à neutrons ». Cette petite étoile peut posséder un champ magnétique intense, qui canalise la lumière dans une certaine direction. Comme, de plus, elle tourne vite, le faisceau de lumière est parfois visible avec une grande régularité (s'il est bien orienté) ; il apparaît alors comme un phare céleste : c'est un pulsar. Dans d'autres conditions, il peut aussi se former un trou noir au centre de la supernova.

La production d'éléments lourds dans une supernova de type II est directement reliée au mécanisme d'explosion et au rapport de masse entre la matière qui est éjectée et celle qui reste piégée dans l'étoile à neutrons ou le trou noir. Certains produits, comme l'oxygène, le néon, le magnésium, sont éjectés avec une abondance qui varie beaucoup suivant la masse de l'étoile d'origine. D'autres, comme le soufre, l'argon et le calcium varient peu.

L'ensemble des calculs de la production d'éléments lourds par les étoiles en explosion est complexe. Il demande de traiter simultanément un très grand nombre de réactions nucléaires dans des conditions difficiles. Ces calculs ont été menés grâce à de gros ordinateurs, et les résultats sont encourageants : les éléments lourds jusqu'au fer, observés sur Terre et dans les corps célestes, proviennent bien de cette source cosmique.

Mais comment se sont produits les éléments plus lourds, observés jusqu'à l'uranium ?

Et les éléments plus lourds
que le fer ?

Les réactions nucléaires que nous avons discutées jusqu'ici se produisent directement entre les noyaux d'atomes, qui possèdent tous des charges électriques positives. Ils se trouvent donc dans l'obligation de vaincre leur répulsion coulombienne, ce qu'ils peuvent réussir grâce à l'effet tunnel[1]. Mais la force électrique augmente avec la charge du noyau, et donc avec sa masse, et il devient de plus en plus difficile pour les éléments lourds de passer du « bon côté » de la barrière coulombienne. Pour les éléments plus lourds que le fer, c'est impossible. Comment donc se forment les éléments plus lourds ?

Ici les étoiles montrent une astuce nouvelle : les réactions nucléaires qui impliquent la combustion du carbone, de l'azote, de l'oxygène et des éléments plus lourds conduisent à la libération de neutrons. Nous savons que les neutrons libres ne vivent pas plus qu'un quart d'heure, mais c'est amplement suffisant pour leur permettre de s'associer à des noyaux d'atomes : ici, pas de barrière coulombienne puisque les neutrons sont neutres ! C'est ainsi que les neutrons formés par les processus de combustion avancés s'agglutinent sur les noyaux existants pour les rendre de plus en plus lourds. Ils deviennent alors instables, et à l'intérieur des noyaux les neutrons se transforment en protons par transitions radioactives, jusqu'à obtenir des noyaux stables de plus en plus lourds. Le tour est joué !

---

1. Voir chapitre 6.

On distingue deux processus différents de capture de neutrons par les noyaux, suivant les circonstances : le « processus s[1] », qui se produit au cours de la vie « calme » des étoiles, et le « processus r[2] », qui se produit au cours des phases explosives.

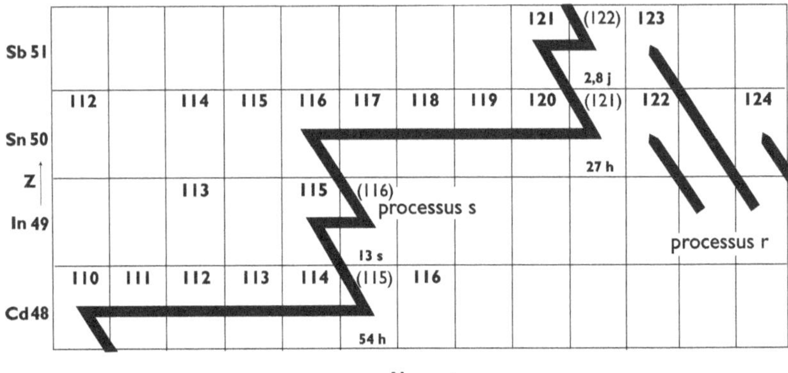

Figure 7-5
Ceci est une portion de la vallée de stabilité des noyaux atomiques présentant le cadmium (Cd), l'indium (In), l'étain (Sn) et l'antimoine (Sb). La présentation est inversée par rapport à la figure 5-2 : le nombre de protons est en ordonnée (vertical) et le nombre de neutrons en abscisse (horizontal). Les cases numérotées correspondent à des noyaux stables sauf si le nombre est entre parenthèses : dans ce cas le noyau est instable et la durée de vie est donnée en secondes, heures ou jours. Les cases vides correspondent aussi à des noyaux instables, sans intérêt ici. Dans le cas du processus s, les noyaux stables capturent des neutrons jusqu'à atteindre le premier noyau instable qui se désintègre en « sautant » à l'élément suivant. Dans le cas du processus r, les neutrons sont beaucoup plus nombreux et aisés à capturer : les noyaux instables en absorbent un grand nombre et s'éloignent de la vallée de stabilité, jusqu'à ce que leur instabilité devienne extrême : ils se désintègrent alors brutalement en suivant les flèches indiquées. Finalement les isotopes formés par les deux processus sont différents.

---

1. D'après l'anglais *slow*, qui signifie « lentement ».
2. D'après l'anglais *rapid*.

Le « processus s » se produit dans les géantes rouges et d'autres types d'étoiles semblables. Les densités de neutrons y sont de l'ordre de 10 millions à 1 milliard par centimètre cube et les températures de l'ordre de 100 millions de degrés. Dans ces conditions les neutrons sont lentement capturés par les noyaux atomiques présents dans l'étoile. Lorsqu'ils s'écartent de la vallée de stabilité des nuclides[1], ils y retournent très vite en transformant un ou deux neutrons en protons. Le « processus s » de capture de neutrons par les noyaux lourds revient donc à « monter » petit à petit la vallée de stabilité en fabriquant tranquillement les éléments de plus en plus lourds.

Le « processus r » se produit au cours des explosions, lorsque les températures tournent autour du milliard de degrés et le nombre de neutrons autour de 10^{20} à 10^{30} par centimètre cube. Dans ces conditions, le phénomène de capture est beaucoup plus rapide que la désintégration radioactive des noyaux atomiques, jusqu'à atteindre des positions très éloignées de la vallée de stabilité. Les noyaux formés, très instables, finissent par se désintégrer et redescendre sur la vallée de stabilité, mais à des emplacements différents de ceux du « processus s ».

Dans tous les cas, les nuclides favorisés sont ceux qui possèdent un nombre magique de neutrons et/ou de protons. L'ensemble des deux processus explique bien la formation de la plupart des éléments lourds observés. Il existe cependant dans la nature quelques isotopes stables qui comprennent un nombre de neutrons inférieur aux autres et qui ne peuvent avoir été formés par aucun des deux processus de capture de neutrons. On les appelle « éléments p ». Ce sont par exemple, dans la figure 7-5, l'isotope de l'étain de masse 112 ou celui

---

1. Voir chapitre 5.

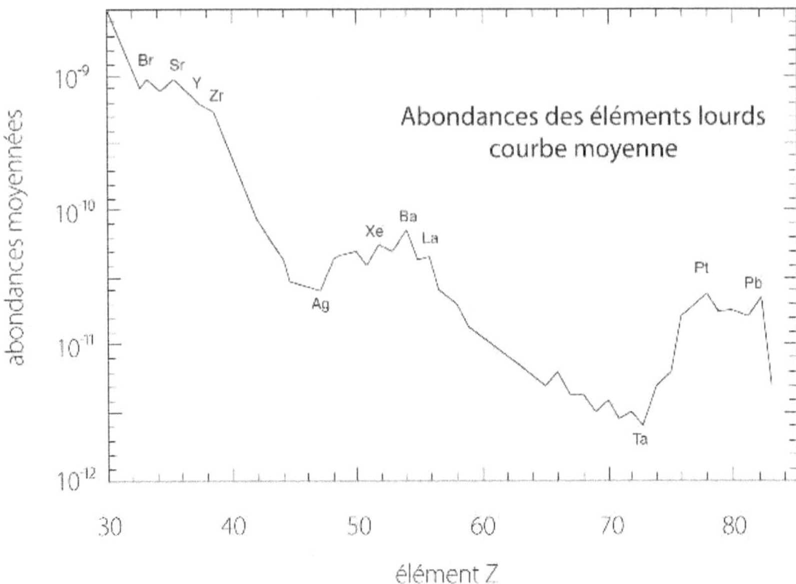

Figure 7-6
Ceci est une portion de la Distribution d'abondances solaires (*cf.* Figure 4-3) pour les éléments lourds. La courbe a été moyennée pour diminuer les zigzags dus à l'effet « pair-impair » et mieux faire apparaître les « bosses » dues aux nombres magiques de protons et/ou neutrons.

de l'indium de masse 113. La formation de ces isotopes particuliers est encore mal connue.

Astration

Ainsi la plupart des éléments chimiques qui composent notre monde actuel, la matière qui nous environne et nos propres corps sont synthétisés dans les creusets stellaires, à l'exception des éléments les plus légers. Dans ces conditions, les galaxies s'enrichissent en éléments lourds au cours du temps grâce aux générations d'étoiles qui se succèdent. On appelle « astration » le processus qui consiste, pour la matière d'une galaxie, à se transformer elle-même en pratiquant quelques séjours à l'intérieur des étoiles !

Beaucoup de gens pensent que la composition chimique des étoiles, telle qu'on la mesure, change au cours du temps à cause des réactions nucléaires qui s'y déroulent. Ce n'est pas exact ! Les réactions nucléaires se passent dans les cœurs stellaires et leurs produits ne sont pas, ou très peu transportés vers la surface. Ce n'est qu'en fin de vie de l'étoile, lorsqu'elle explose ou rejette sa matière vers l'extérieur, que les produits des réactions apparaissent au grand jour et peuvent enrichir le gaz interstellaire.

En revanche, on s'attend à ce que les étoiles vieilles, qui ont été formées dans les débuts de l'existence de la Galaxie, aient très peu de métaux comparées aux étoiles jeunes, formées avec de la matière fortement modifiée par les générations précédentes. C'est effectivement ce que l'on observe : les étoiles les plus vieilles, qui ont des âges de l'ordre de celui de la Galaxie elle-même[1], ont une abondance de fer dix à cent mille fois plus faible que celle du Soleil. On observe aussi, dans notre Galaxie et les galaxies extérieures, que les étoiles proches du centre ont plus de métaux que les étoiles situées en périphérie. La raison en est simple : il y a beaucoup plus d'étoiles dans les régions centrales des galaxies qu'à l'extérieur, à cause de la plus grande densité, et il s'y produit donc une formation accélérée d'éléments lourds.

---

1. Quatorze milliards d'années, quasiment l'âge de l'Univers : les galaxies se sont formées très tôt dans l'histoire du monde. Il y eut même une époque, récente, où les calculs d'âge des plus vieilles étoiles donnaient une valeur supérieure à celle de l'Univers calculée par des méthodes cosmologiques. Ce résultat avait fait couler beaucoup d'encre, mais il n'était dû qu'à quelques incertitudes : les étoiles sont bien nées dans l'Univers tel que nous le connaissons !

Les premières étoiles
du monde

Si notre analyse est correcte, les premières étoiles jamais formées dans notre Galaxie ne devraient contenir aucun élément lourd : elles devraient être représentatives de la composition du gaz de l'Univers après le Big Bang. En fait on n'observe aucune étoile sans métaux, sauf les naines blanches dans lesquelles les métaux sont tombés vers le centre de l'étoile en raison de la très forte attraction gravitationnelle qui y règne[1].

La question des premières étoiles du monde a fait couler beaucoup d'encre chez les astronomes. Puisque nous n'observons pas d'étoiles sans métaux, même parmi les plus vieilles de la Galaxie, cela signifie-t-il qu'il existait déjà des métaux dans l'Univers avant la naissance des galaxies ? Comme nous le verrons au chapitre 9, il est quasiment impossible que des métaux aient été formés dans le creuset initial du Big Bang. Alors a-t-il existé une première génération d'étoiles dans l'espace, hors de toute galaxie, aux tout débuts du monde ? Si c'est vrai, il devait s'agir d'étoiles très massives, qui ont évolué et explosé très vite, pour que les métaux soient formés en un temps record et que nous n'ayons plus aucune autre trace de cette période[2].

Cette hypothèse n'est pas exclue, mais il existe une autre possibilité. Les étoiles évoluent d'autant plus vite qu'elles sont

---

1. La gravité sur une naine blanche est dix mille fois plus grande que sur le Soleil.
2. Sans savoir si elles existent, on les appelle « étoiles de population III », sachant que les plus vieilles étoiles de la Galaxie sont dites de « population II » et les plus jeunes, dont le Soleil fait partie, de « population I ».

massives. Si nous voulons observer des étoiles formées à l'origine de la Galaxie qui existent encore de nos jours, il ne peut s'agir que d'étoiles de très petites masses, plus petites que celle du Soleil. De plus, l'étude « cartographique » de la Galaxie montre que ces étoiles, comme toutes celles formées à l'époque où la Galaxie n'était pas encore aplatie comme un disque, doivent se situer en moyenne assez loin de nous. Alors peut-être, tout simplement, ces étoiles sans métaux existent-elles mais sont-elles trop faibles pour avoir pu être observées. C'est ce que laisseraient penser des études récentes, qui montrent que le nombre d'étoiles faibles en métaux est important et que plus les moyens d'observation s'améliorent, plus on en découvre[1].

Les « laissés-pour-compte »

Tous les éléments qui composent notre environnement, depuis le carbone jusqu'à l'uranium, ont été tissés par nos innombrables ancêtres les étoiles, avant la naissance du Soleil : c'est bien clair à présent. Mais il n'est pas si facile, pour les astrophysiciens, de reconstituer d'une manière quantitative, avec les chiffres exacts, la quantité de chacun des isotopes, un par un, qui ont pu être formés depuis les origines. En effet la production des éléments lourds par les étoiles dépend de leur masse, de leurs conditions de vie et d'environnement, de la manière dont elles explosent. Il faudrait donc

---

1. Voir par exemple l'article de R. Cayrel dans *Origin and Evolution of the Elements*, Cambridge University Press, 1993.

connaître toute l'histoire des étoiles pour reproduire le monde actuel. Ce travail est impossible, mais on peut au moins savoir, selon les circonstances, le pourcentage d'étoiles formées dans la Galaxie selon leur masse. C'est ce que les astrophysiciens appellent la « fonction de masse » des étoiles. Une combinaison de toutes ces données et de tous ces calculs, très complexes, conduit à des résultats satisfaisants : la composition chimique actuelle de la matière s'explique globalement par l'astration.

Cependant certains éléments ne peuvent pas avoir été produits de cette manière. Ce sont les plus légers, de masse inférieure à celle du carbone : le deutérium (isotope de l'hydrogène), l'hélium, le lithium, le béryllium et le bore. Les raisons en sont différentes pour l'hélium et pour les autres éléments.

L'hélium, nous l'avons vu, est un noyau extrêmement stable, beaucoup plus stable que ses voisins, car il comprend un nombre magique de protons et de neutrons. C'est en outre le premier élément formé dans les étoiles, à partir de quatre noyaux d'hydrogène. Mais son destin n'est pas d'être rejeté dans le gaz interstellaire : il l'est un peu, mais en faible quantité seulement. Soit il se transforme en carbone et en éléments plus lourds au cours des étapes ultérieures de l'évolution stellaire, dans les étoiles de grande masse, soit il reste « piégé » dans la naine blanche à la fin de l'existence des étoiles de petite masse. Même si l'abondance d'hélium augmente légèrement dans la Galaxie au cours du temps, il est impossible d'expliquer de cette manière l'énorme quantité d'hélium présent dans le monde[1].

En ce qui concerne les autres éléments légers, la situation est très différente : ils sont tous très fragiles, beaucoup

---

1. Dix pour cent en nombre d'atomes, par rapport à l'hydrogène.

plus facilement détruits que formés par les réactions nucléaires. Lorsque la matière galactique passe à l'intérieur d'une étoile, il ne reste plus qu'un noyau de deutérium pour un milliard de milliards de noyaux d'hydrogène, alors que l'abondance de deutérium observée dans le cosmos est d'environ un deutérium pour cent mille hydrogènes ! Les autres éléments, lithium, béryllium et bore, ne résistent pas non plus aux réactions provoquées dans les chaleurs stellaires.

Alors d'où viennent ces éléments, très présents autour de nous ? Nous laissons le suspense pour les deux prochains chapitres, qui apporteront les deux dernières pièces du puzzle de la formation des éléments chimiques dans l'Univers.

CHAPITRE 8

La chance
d'un fruit mûr[1]

Patience, patience,
Patience dans l'azur
Chaque atome de silence
Est la chance d'un fruit mûr
Paul VALÉRY

La rentrée universitaire d'octobre 1968, à l'Institut d'astrophysique de Paris, quelques mois après la « révolution de Mai », a marqué ma première rencontre avec Hubert Reeves, cheveux courts, visage rasé et n'hésitant pas à porter la cravate lorsque les circonstances le recommandaient. Étudiante en première année de doctorat (diplôme d'études approfondies, préalable à la thèse), j'ai très vite remarqué cet excellent professeur à l'accent québécois, clair et pédagogue, passionné par ce

---

1. En hommage à Hubert Reeves.

qu'il nommait d'un seul mot, presque amoureusement : le « LiBeB[1] » (entendez : l'ensemble des trois éléments lithium, béryllium et bore). Je suis donc tout naturellement allée le voir à la suite d'un cours pour lui demander de m'accueillir en thèse l'année suivante, ce qu'il a fait très volontiers.

C'est ainsi que je me suis retrouvée, pour plusieurs années, dans un minuscule bureau prévu pour une seule personne mais occupé, faute de place, par trois chercheurs : Hubert Reeves, Jean Audouze et moi-même. Je garde un souvenir ému de ce petit bureau, véritable plaque tournante entre plusieurs laboratoires, dont le groupe d'astrophysique du CEA (Saclay) et le laboratoire de physique nucléaire d'Orsay. Tous les lundis, une dizaine de chercheurs de ces divers laboratoires se retrouvaient entassés dans ce tout petit espace, assis sur les tables, pour des discussions à bâtons rompus où se mêlaient les termes « astrogenèse » et « galacto-genèse ». Hubert s'occupait des séminaires, c'est-à-dire qu'il invitait régulièrement des professeurs étrangers qui donnaient une conférence suivie d'un débat. L'ensemble se terminait systématiquement dans un bon restaurant parisien où les discussions scientifiques continuaient jusqu'à une heure avancée. Quelle formation fantastique pour une jeune étudiante en thèse de 22 ans !

Dans cette ambiance active et chaleureuse, j'ai eu la chance de voir se construire sous mes yeux, pas à pas, la théorie de formation dans l'Univers des éléments légers lithium[2], béryllium et bore. Cette théorie, qui concerne

____

1. Prononcez : « libèbe ».

2. Il s'agit ici essentiellement de l'isotope du lithium comprenant trois protons et trois neutrons : le lithium 6. L'autre isotope stable du lithium, le lithium 7, qui comprend trois protons et quatre neutrons, plus abondant dans la nature que le lithium 6, n'a été formé que partiellement par le processus décrit dans ce chapitre. Sa formation sera décrite au chapitre 9.

l'action des rayons cosmiques galactiques[1] sur la matière interstellaire, a suffisamment fait ses preuves depuis cette époque pour être universellement admise.

Il faut beaucoup de temps et de patience aux astrophysiciens pour comprendre petit à petit l'ensemble des processus qui permettent d'interpréter les phénomènes célestes observés. Par ailleurs, on découvrait d'une manière vertigineuse l'immensité du temps qui avait été nécessaire depuis le début de l'Univers pour former, un par un, les éléments légers que nous observons actuellement autour de nous. Je revois Hubert exultant et ravi de nous présenter sa nouvelle idée : utiliser un extrait du poème très connu de Paul Valéry, *Palme*, comme en-tête d'un article fondamental qu'il terminait avec deux de ses étudiants en thèse : le MAR[2]. Personne n'imaginait à cette époque, pas même lui sans doute, que ce poème allait plus tard fournir le titre de l'un des ouvrages scientifiques français les plus lus dans le monde[3] !

Le défi des petits

Les atomes qui composent notre monde ont presque tous été formés dans les étoiles, avant la naissance du Soleil

---

1. Particules voyageant à grande vitesse dans la Galaxie : voir ci-dessous.
2. M. Meneguzzi, J. Audouze et H. Reeves, « The production of the elements Li, Be, B by galactic cosmic rays in space and its relation with stellar observations », 1971, *Astronomy and Astrophysics*, vol. 15, p. 337. Le poème de Valéry, en-tête de la version préliminaire de l'article, n'a pas été gardé dans la version publiée.
3. *Patience dans l'Azur* en français (aux éditions du Seuil), *Atoms of Silence* pour la traduction anglaise, MIT Press.

et de la Terre. Presque tous, sauf les éléments les plus légers, de masse atomique inférieure à celle du carbone. Parmi ces éléments, le « LiBeB » forme une classe à part. Dans le tableau de Mendeleïev, ils sont encadrés par deux éléments particulièrement stables : l'hélium d'un côté, le carbone de l'autre. Mais ils sont eux-mêmes très fragiles. À des températures de l'ordre de quelques millions de degrés (beaucoup pour nous, peu pour l'intérieur d'une étoile), ils sont complètement détruits par les réactions nucléaires. Cette fragilité permet de comprendre pourquoi ils sont très peu abondants dans l'Univers : on compte environ un milliard de fois moins d'atomes de lithium, béryllium et bore que d'hydrogène ! Cependant, même s'ils sont peu nombreux, ils sont tout de même présents et il est important de comprendre la raison de leur existence. Comme toujours, le besoin de satisfaire la curiosité conduit à des découvertes inattendues et fondamentales, qui dépassent de loin le but original.

La formation des éléments légers a longtemps constitué un défi pour les astrophysiciens. Hubert Reeves[1] rappelle que dans les années 1960 les éléments LiBeB étaient supposés formés par le bombardement de particules d'origine solaire sur des météorites de glace, théorie qui ne « tenait pas la route ». Il fallait chercher ailleurs, dans d'autres directions, pour résoudre ce défi. La solution se trouvait en dehors des étoiles, dans les espaces interstellaires... Il fallait y penser !

---

1. Hubert Reeves, « The saga of light elements », publié dans le symposium *Origin and Evolution of the Elements*, 1992.

Spallation

Les éléments LiBeB étant plus facilement détruits que formés par les réactions de fusion nucléaire qui se produisent à l'intérieur des étoiles, la seule manière de les récupérer est de casser les éléments plus lourds. Si, par exemple, un proton très rapide frappe un noyau de carbone, d'azote ou d'oxygène, il le casse en morceaux, parmi lesquels on retrouve des noyaux de lithium, béryllium et bore. On appelle ce phénomène « réactions de spallation », de l'anglais *to spall* qui signifie briser.

La différence entre les réactions nucléaires et les réactions de spallation vient essentiellement de l'énergie cinétique des noyaux impliqués. Rappelons que, d'une manière générale, les particules peuvent être décrites comme des ondes, dont la longueur d'onde est inversement proportionnelle à leur vitesse : c'est la « longueur d'onde de De Broglie[1] ». Dans le cas des réactions nucléaires, les noyaux qui interagissent ne vont pas vite : leur « longueur d'onde de De Broglie » est grande, plus grande que leurs dimensions géométriques. Dans ces conditions les noyaux se « voient » les uns les autres comme des objets à part entière. Ils peuvent fusionner et produire des réactions nucléaires comme dans les étoiles.

Les réactions de spallation, au contraire, se produisent lorsque les noyaux atomiques vont très vite et que leur « longueur d'onde de De Broglie » est petite, plus petite que leurs dimensions géométriques. Dans ces conditions, ils ne se « voient » pas les uns les autres comme un tout mais ils dis-

____

1. Voir chapitre 2.

tinguent séparément tous les nucléons internes qui les constituent. Dans le cas d'un proton contre un carbone, le proton rapide pénètre à l'intérieur du noyau de carbone, rencontre les nucléons un par un, échange de l'énergie avec eux, ce qui conduit à en éjecter plusieurs et à récupérer finalement un noyau plus léger.

Il restait aux physiciens et aux astrophysiciens deux tâches à accomplir : d'une part étudier précisément ces réactions en laboratoire et mesurer leurs effets, d'autre part découvrir où, dans l'Univers, de telles situations avaient pu se produire. Les solutions ont été trouvées dans le courant des années 1970.

Astrogenèse et galactogenèse

Les régions extérieures des étoiles comme le Soleil sont très mouvementées. Elles sont le siège de protubérances, d'arches magnétiques, de vents de matière, de gigantesques éjections gazeuses... On y observe sans arrêt des courants de matière accélérés à grande vitesse qui percutent des régions plus calmes. Il n'est donc pas étonnant que les astrophysiciens aient d'abord invoqué les réactions de spallation *in situ* pour expliquer la présence des éléments légers LiBeB observés dans les étoiles.

L'un des premiers résultats de l'équipe d'Hubert Reeves a été de prouver que cette théorie ne pouvait pas tenir. La raison en est simple : si, par exemple, des protons sont accélérés à grande vitesse à la surface d'une étoile, ils vont se cogner à tout ce qu'ils trouveront sur leur chemin, en particulier des

Figure 8-1
Grandes éjections solaires observées par le satellite Soho, en juillet 2000. Le Soleil, caché par un disque sombre, a les dimensions du cercle blanc. Ces immenses éjections de matière partent dans l'espace et peuvent être interceptées sur Terre.

électrons et des noyaux d'atomes de toutes sortes. Un très petit nombre d'entre eux seulement pourront effectivement percuter un noyau de carbone, d'azote ou d'oxygène et le casser pour donner du LiBeB. Si les éléments légers présents dans les étoiles provenaient de réactions de spallation se produisant sur place, il faudrait imaginer d'énormes quantités de protons rapides qui provoqueraient d'autres effets qui ne sont pas du tout observés. *Exit* l'astrogenèse, ou formation des éléments légers dans les régions extérieures des étoiles. Bonjour la galactogénèse, ou formation des éléments légers dans la matière interstellaire des galaxies.

Les grandes nébuleuses qui se trouvent dans les galaxies, berceaux d'étoiles naissantes ou linceuls d'étoiles mortes, sont loin d'être calmes et tranquilles. Elles sont le siège de mouvements violents, de turbulence, d'ondes de choc... Voici donc l'endroit rêvé pour la production d'éléments légers par réactions de spallation sur des noyaux de carbone, azote et oxygène ! Ici, pas de souci pour le nombre de noyaux nécessaires ni pour la perte d'énergie. Le compte est bon !

Les rayons cosmiques galactiques

Les astrophysiciens ont pris l'habitude d'appeler « rayons cosmiques galactiques » un phénomène qui n'a rien à voir avec les « rayons » au sens habituel du terme[1]. Ce sont des particules ordinaires (noyaux atomiques, électrons, protons, etc.) qui filent à très grande vitesse dans la Galaxie[2]. Elles proviennent essentiellement, nous l'avons dit, de vents stellaires et d'explosions de supernovae. Mais il en existe de très énergétiques dont la provenance reste un mystère : peut-être

---

1. On utilise en général le terme « rayons » pour parler de rayons lumineux. Ici il ne s'agit pas du tout de lumière.
2. Avec des énergies cinétiques supérieures à 1 MeV (méga électron-volt), les particules des rayons cosmiques ont des vitesses d'au moins quelques dizaines de kilomètres par seconde, soit plus de 100 000 kilomètres à l'heure. En fait, les observations ont récemment permis de détecter des particules possédant une énergie tellement immense qu'elles vont presque à la vitesse de la lumière, c'est-à-dire 300 000 kilomètres par seconde !

un phénomène exotique comme de la matière éjectée à très grande vitesse après avoir rebondi sur un trou noir, ou encore le résultat de collisions de galaxies...

Au milieu du XXe siècle, le physicien Louis Leprince-Ringuet et son équipe avaient installé au pic du Midi de Bigorre, dans les Pyrénées, d'énormes blocs de paraffine pour piéger ces particules venues de l'espace, les détecter et les étudier. À présent les techniques ont évolué : on peut les recueillir directement dans leur environnement naturel grâce à des « boîtes » placées spécialement à cet usage à l'extérieur des stations spatiales.

Sur Terre, on installe de grands ensembles d'antennes spéciales, distribuées sur une très grande surface pour détecter le plus grand nombre possible de particules en même temps. En effet, lorsqu'une particule cosmique arrive dans l'atmosphère, elle entre en collision avec les atomes et les

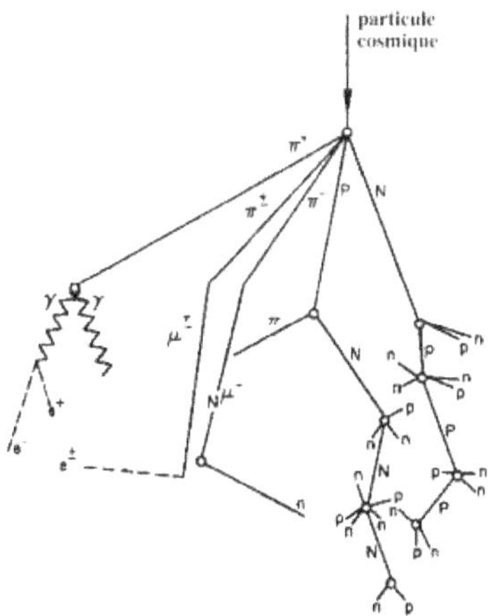

Figure 8-2
Gerbes cosmiques : une particule de rayons cosmiques qui pénètre dans l'atmosphère terrestre interagit avec elle et peut produire des centaines d'autres particules qui tombent en pluie sur la Terre.

molécules de l'air ambiant et produit ainsi d'autres particules qui elles-mêmes interagissent, ce qui conduit à ce que l'on appelle les « grandes gerbes atmosphériques ». Observer à la fois l'ensemble des particules de la gerbe permet de remonter plus précisément à la particule cosmique initiale.

La composition chimique
des RCG

L'étude détaillée des rayons cosmiques galactiques (en bref, RCG) a permis de déterminer leur composition chimique, qui présente des différences notables avec la courbe d'abondances standard : un peu moins d'hydrogène, un peu plus de l'ensemble des éléments compris entre le calcium et le fer ; mais le plus frappant est le nombre relatif des éléments lithium, béryllium et bore, environ cent mille fois plus abondants dans les rayons cosmiques que dans la courbe standard. Cette énorme surabondance est attribuée aux réactions de spallation. En effet, lors des collisions entre les rayons cosmiques et la matière interstellaire, les réactions se produisent dans les deux sens : les protons rapides des rayons cosmiques peuvent casser les noyaux présents dans les nébuleuses, mais inversement les noyaux de carbone, azote et oxygène des rayons cosmiques se précipitent sur des protons de matière interstellaire et se laissent briser en des morceaux plus légers qui se joignent à la troupe[1].

---

1. La surabondance d'éléments du calcium au fer est sans doute aussi due aux réactions de spallation sur les atomes de fer.

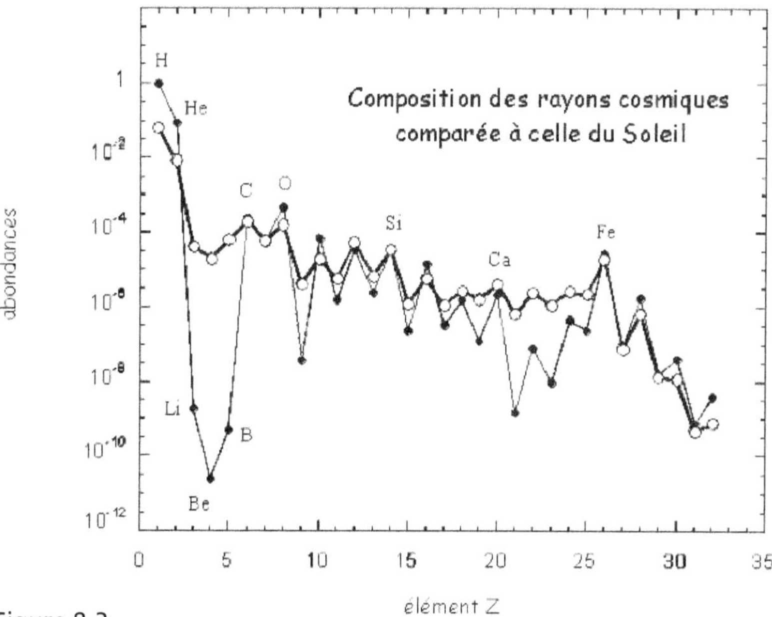

Figure 8-3
Abondances des éléments dans les rayons cosmiques comparées à celles observées dans le Soleil. Pour le Soleil, la courbe (ici en trait fin) est la même que celle des figures 4-2 et 4-3. Ici encore, le silicium est choisi comme référence : la courbe représentant les abondances dans les rayons cosmiques (trait épais) est ajustée pour reproduire la même abondance de cet élément. La différence la plus spectaculaire concerne les éléments lithium, béryllium et bore, beaucoup plus abondants dans les rayons cosmiques que dans le Soleil.

La question cruciale
des rapports isotopiques

Le lithium possède deux isotopes stables : le lithium 6 (trois protons et trois neutrons) et le lithium 7 (trois protons et quatre neutrons). Dans la nature, en moyenne, on observe

12 fois plus de lithium 7 que de lithium 6, ce qui fait écrire aux astrophysiciens cette équation très peu mathématique : 7/6 = 12 !

Le béryllium, quant à lui, n'a qu'un isotope stable, le béryllium 7, avec quatre protons et trois neutrons. Le béryllium 8, qui comporte quatre protons et quatre neutrons, est très instable et se sépare en deux noyaux d'hélium 4.

En ce qui concerne le bore, il y en a deux : le bore 10 (cinq protons et cinq neutrons) et le bore 11 (cinq protons et six neutrons). Comme il existe en moyenne quatre fois plus de bore 11 que de bore 10, l'équation du bore, pour les abondances naturelles, est : 11/10 = 4 !

Si la formation des éléments légers est réellement due aux réactions de spallation des rayons cosmiques sur la matière interstellaire, les calculs effectués en tenant compte des caractéristiques observées : densité, énergie, etc., devraient conduire à des résultats correspondant précisément aux abondances déterminées par l'observation, dans les bons rapports. Or, on constate que les résultats obtenus reproduisent parfaitement la quantité de lithium 6 observée, celle de béryllium et celle de bore 10. Le bore 11 est formé en quantité un peu trop faible, mais il est possible de l'expliquer. En revanche, il reste un gros problème pour le lithium 7 ! En effet, le rapport obtenu avec les réactions de spallation est 7/6 = 2, très loin de la valeur 12 observée.

La conclusion est claire : les éléments légers lithium, béryllium et bore actuellement observés dans l'Univers ont été formés par l'intéraction des rayons cosmiques galactiques avec la matière interstellaire… sauf l'isotope 7 du lithium, le plus abondant dans la nature. Où donc a bien pu être formé le lithium 7 ?

L'énigme du lithium (I)

Voici donc le lithium élevé au rang d'énigme. Que savons-nous de cet élément si particulier et si intéressant ?

Si vous demandez à un chimiste ce qu'est le lithium, il vous répondra : « Le lithium est un métal alcalin, le plus léger de tous les métaux. Il se présente comme un solide blanc. Sa densité est la moitié de celle de l'eau. C'est donc un métal qui flotte. Mais il est aussi très oxydant, et il dissocie la molécule d'eau même à froid. »

Si vous vous adressez à un minéralogiste, il vous dira : « N'oubliez pas que lithium vient du mot grec *lithos*, qui veut dire "pierre". On trouve des gisements de lithium sous la forme de magnifiques cristaux, dont le plus connu est la lépidolite, un silicate mixte de lithium et d'aluminium. On en a découvert des quantités immenses en Suède, en Afrique du Sud, et surtout au nord du Chili, dans le désert d'Atacama. »

Si vous parlez du lithium à un médecin, il vous apprendra aussitôt qu'il s'agit d'un *psychotrope thymorégulateur*, utilisé dans le traitement des *psychoses maniaco-dépressives*. Plus précisément, si vous faites partie de ces gens qui présentent des périodes de surexcitation intense suivies de périodes de grande dépression (on appelle ces personnes *cyclothymiques*), prenez des sels de lithium. Ce n'est pas un antidépresseur, son action est au contraire de diminuer la surexcitation. Mais si vous êtes moins surexcité, vous êtes ensuite moins déprimé.

Si vous posez la question à un physicien, il vous parlera des deux isotopes du lithium, et du fait que le lithium 7 est prépondérant dans la nature, douze fois plus abondant que le lithium 6. Il en profitera pour vous expliquer l'existence de l'isotope lourd de l'hydrogène, appelé deutérium, et des deux isotopes de l'hélium, l'hélium 3 et l'hélium 4, que vous connaissez déjà très bien.

Si maintenant vous posez la question à un astrophysicien, il vous dira encore autre chose à propos du lithium : il vous expliquera que, même si on en voit très peu dans la nature par comparaison avec d'autres types d'atomes, celui-ci nous apporte des informations uniques et précieuses à la fois sur ce qui se passe à l'intérieur des étoiles et sur ce qui s'est passé… dans le Big Bang ! Alors là, vous aurez probablement envie d'en savoir plus, et cela tombera bien, car l'astrophysicien n'aura certainement pas envie de s'arrêter là ! Vous l'aurez lancé sur l'un de ses sujets favoris, et vous n'aurez plus qu'à vous asseoir pour l'écouter jusqu'au bout !

CHAPITRE 9

Les éléments primordiaux

Et tandis que mon corps enveloppé de toile
Dans la nuit du cercueil se perdra lentement,
Mon esprit délivré de son envoûtement
Se désintégrera dans le cœur d'une étoile
Colette LAURENT

L'unité de l'homme ne peut se concevoir en dehors de sa relation avec l'Univers qui l'entoure et dont il est issu. l'homme est né de l'Univers et retournera à l'Univers. Nous avons vu, dans les précédents chapitres, que la plupart des éléments chimiques fondamentaux, constituant la base de nos propres corps, ont été fabriqués dans des étoiles bien avant la naissance du Soleil et de la Terre. Quelques éléments légers particuliers : le lithium 6, le béryllium et le bore proviennent de la désintégration du carbone, de l'azote et de l'oxygène dans les espaces interstellaires. Il nous reste à expliquer l'existence des tout premiers éléments, les plus légers, à savoir le deutérium (isotope lourd de l'hydrogène), l'hélium (isotopes 3 et 4) et le lithium 7.

La première seconde

Tout a commencé au début des temps, lorsque l'Univers sortait à peine du chaos, dans un magma primordial hyperdense et chaud, constitué de toutes sortes de particules exotiques[1]. Parmi toutes ces particules, les quarks se déplaçaient librement, dans un espace qui devenait au fil du temps de moins en moins dense et chaud. Un millionième de seconde s'est ainsi écoulé, puis brutalement s'est produite une modification majeure : les quarks se sont associés, soit deux par deux pour former les particules appelées mésons, soit trois par trois pour former les protons et les neutrons.

Jusqu'à la première seconde, les protons et les neutrons ont vécu en symbiose complète, dans un climat d'équilibre. Ils se changeaient sans arrêt l'un en l'autre : les protons se transformaient en neutrons et les neutrons en protons, par interaction faible, en émettant de la lumière et des neutrinos. Ce bel équilibre a cessé au bout d'une seconde, l'énergie ambiante n'étant plus suffisante pour le préserver.

Les particules élémentaires ne fonctionnent pas comme les boxeurs : celles qui ont la plus petite masse ont finalement le dessus. Elles correspondent en effet à une énergie plus faible, donc à un état plus stable. C'est ce qui se passe pour les protons et les neutrons : les protons, de masse plus faible, sont plus stables que les neutrons. Dans l'Univers primordial, dès la première seconde les protons ont cessé de se transformer en neutrons faute d'énergie extérieure pour les y aider. En revanche, les neutrons ont continué à se transformer en

____

1. Voir chapitre 3.

protons : même à notre époque, un neutron isolé devient proton en moins d'un quart d'heure.

Le premier quart d'heure

Tous ces neutrons se sont-ils donc désintégrés ? Pas du tout, car un autre événement fondamental a commencé au bout de seulement deux minutes : les neutrons encore présents dans l'Univers se sont associés à des protons pour former des noyaux de deutérium ! Ils avaient alors la vie sauve, car le noyau de deutérium est stable : l'association avec le proton empêche le neutron de se désintégrer. Voici donc d'où vient le deutérium observé partout dans le monde : il ne vient ni des étoiles ni des espaces interstellaires : il était là depuis le début de l'Univers !

La formation du deutérium a marqué le début de la « nucléosynthèse primordiale ». Une série de réactions s'est produite dans la foulée : d'abord un grand nombre de noyaux de deutérium ont capturé un proton pour devenir de l'hélium 3. Ensuite, les noyaux d'hélium 3 se sont combinés deux à deux pour former de l'hélium 4 en rejetant deux protons. Enfin, quelques noyaux d'hélium 3 et d'hélium 4 sont encore entrés en réaction pour finalement aboutir à la formation de lithium 7.

Et tout a cessé, car la densité et la température étaient alors devenues trop faibles pour que des réactions nucléaires puissent continuer à se produire. En tout, il ne s'était pas écoulé plus d'un quart d'heure depuis la naissance de l'Univers...

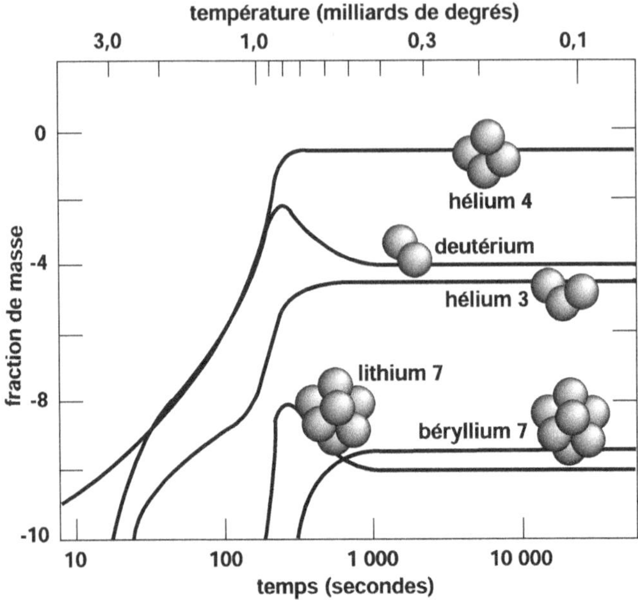

Figure 9-1
Formation des éléments légers dans le Big Bang. Tout se passe entre
10 et 1 000 secondes : les protons et les neutrons se transforment en
deutérium, hélium 3, hélium 4, lithium 7 et béryllium 7 (qui lui-
même se transforme ensuite en lithium 7 par radioactivité).

Imaginez l'émerveillement des astrophysiciens : les seuls
éléments qui ne peuvent pas avoir été fabriqués dans les étoiles ou la matière interstellaire sont justement ceux qui ont été
formés au début de l'Univers ! Mais ce n'est pas tout : l'étude
doit être quantitative. Il faut comparer la quantité de chacun
des isotopes produits dans le Big Bang, telle que nous pouvons la calculer, avec celle que nous mesurons. Voyons
d'abord les mesures, nous reviendrons ensuite aux calculs.

La précision du deutérium

Le deutérium étant presque entièrement détruit dans les étoiles, son abondance décroît au cours du temps dans la Galaxie. La quantité que l'on observe maintenant est plus faible que la quantité d'origine. Les calculs d'astration prédisent une destruction globale d'un facteur 2 ou 3 depuis la naissance de la Galaxie. Ces calculs sont confirmés par les observations.

En effet, il est possible à présent de détecter le deutérium actuel ainsi que celui d'origine et de les comparer ! Le deutérium actuel est observé dans la matière interstellaire. Dans les étoiles, l'observation est trop difficile car les raies spectrales correspondantes sont trop près de celles d'hydrogène, immensément plus grosses. En pratique, l'observateur étudie tout de même la lumière d'une étoile brillante, par exemple « la chèvre » (Capella[1]). Mais il est capable, dans le spectre obtenu, de faire la différence entre les raies propres à l'étoile et d'autres raies, différentes, plus fines, qui sont dues à l'absorption du rayonnement par les éléments de la matière interstellaire qui se trouve entre l'étoile et lui. C'est ainsi que le deutérium peut être détecté et mesuré.

La même technique s'applique pour le deutérium des débuts de l'Univers. C'était un rêve des astrophysiciens, depuis plusieurs dizaines d'années, de pouvoir mesurer l'abondance du deutérium dans la matière intergalactique. L'idée était que, entre les galaxies, se trouve encore de la

---

1. Historiquement, Capella est la première étoile devant laquelle on a observé du deutérium. L'observation date de 1992 et a été effectuée par l'Américain Jeffrey Linsky, de l'Université du Colorado, avec le télescope spatial Hubble.

matière d'origine, en provenance du Big Bang. Il « suffisait » de détecter le deutérium dans cette matière originelle pour connaître son abondance primordiale. Pour cela, il fallait trouver des objets célestes très lumineux, situés aux confins de l'Univers, dont on pouvait étudier le spectre en détail pour y trouver la signature des éléments intergalactiques. Ce rêve est à présent réalisé[1] : le deutérium intergalactique est détecté et mesuré dans le spectre des quasars !

Les quasars sont en fait des centres extrêmement brillants de galaxies très lointaines, situées à des distances de plusieurs milliards d'années-lumière. Longtemps mystérieux, ils sont à présent interprétés comme des trous noirs très massifs, contenant des millions de fois la masse du Soleil. La lumière très vive qu'ils nous envoient est due non pas au trou noir lui-même, qui ne rayonne pas à l'extérieur, mais à la matière qui continue à tomber dedans. En raison de la rotation (tout tourne dans l'Univers !), cette matière commence par spiraler (on appelle cela le « disque d'accrétion ») avant de traverser la sphère fatidique d'où elle ne ressortira pas. Une partie n'y entrera d'ailleurs jamais, car elle peut « rebondir » pour s'élancer à nouveau dans l'espace sous forme de gigantesque jets, que les astrophysiciens ont eu la surprise d'observer avec leurs grands télescopes.

L'ensemble rayonne une lumière gigantesque, dont le spectre ne ressemble pas à celui des étoiles. Mais les raies observées sont bien répertoriées, et il est possible d'y discerner celles dues à la matière intergalactique, très différentes

---

1. La première mesure a été effectuée en 1994 grâce à l'un des téléscopes les plus grands au monde, le Keck, de 10 mètres de diamètre, situé sur le Mauna Kea, Hawaii. Elle a été refaite ensuite par plusieurs astrophysiciens, dont l'Américain David Tytler, de l'Université de Californie.

de celles du quasar[1]. Le résultat correspond aux attentes : on trouve un noyau de deutérium pour trente mille noyaux d'hydrogène (protons) dans la matière d'origine, alors qu'il en existe actuellement deux à trois fois moins[2].

La mesure directe de l'abondance du deutérium à partir du spectre des quasars lui a procuré la palme d'or de la meilleure sonde primordiale, pour tester les conditions qui régnaient dans l'Univers lorque celui-ci n'était âgé que de quelques minutes !

Hélium 4, hélium 3

Bien que l'hélium doive son nom au Soleil, nous avons vu qu'il ne possède aucune raie visible ni dans le spectre du Soleil, ni dans celui des étoiles de type solaire[3] : c'est uniquement dans les protubérances et le bas de la couronne solaire qu'il a pu être détecté. Or, il est impossible d'observer les protubérances d'autres étoiles, même si nous sommes certains qu'il en existe !

L'astuce, pour observer l'hélium, consiste donc à le rechercher dans des endroits chauds, là où il fait au moins

---

1. Elles sont beaucoup plus fines, et surtout décalées par rapport à leur longueur d'onde au repos. En effet, les quasars étant des objets célestes très éloignés subissent un décalage des raies très grand (décalage cosmologique, voir chapitre 4). La matière intergalactique qui se trouve entre le quasar et nous étant plus proche, les raies correspondantes sont moins décalées que celles du quasar. Elles sont donc très reconnaissables.
2. La valeur varie légèrement suivant l'endroit observé : ceci est sans doute du au fait que la densité d'étoiles n'est pas la même partout dans la Galaxie, et donc que le deutérium n'a pas été détruit partout de la même manière.
3. Voir chapitre 4.

10 000 degrés. C'est le cas des étoiles chaudes, c'est aussi celui de certaines nébuleuses interstellaires appelées « régions HII[1] », chauffées par le rayonnement des étoiles qu'elles abritent. Dans ces conditions, l'hélium est ionisé à cause de la chaleur, c'est-à-dire que l'un de ses électrons lui est arraché. Du même coup, il perd sa grande stabilité atomique, qui était la conséquence directe de la présence symbiotique des deux électrons. L'électron célibataire, sans son partenaire, se comporte comme l'électon unique de l'atome d'hydrogène : il « saute » aisément d'un niveau atomique à un autre et les raies correspondantes sont bien visibles. C'est ainsi que l'abondance d'hélium peut être mesurée dans l'Univers.

L'isotope le plus courant, l'hélium 4, est évidemment le plus facile à détecter et à mesurer dans l'Univers : c'est le plus abondant après l'hydrogène. La technique la plus au point consiste à déterminer son abondance par rapport à celle du carbone, de l'azote ou de l'oxygène dans les régions HII de notre Galaxie, ainsi que dans d'autres galaxies, le plus loin possible[2]. Plus on observe loin, plus on observe dans le passé : on espère ainsi découvrir le plus précisément possible son abondance d'origine.

Le cas de l'hélium 4 est inverse de celui du deutérium : il fait partie des éléments formés par les réactions nucléaires dans les étoiles. Mais son destin n'est pas simple. Dans la plu-

---

1. Les régions HII doivent leur nom au fait que l'hydrogène y est complètement ionisé : l'électron est séparé du proton. En jargon astrophysique, l'hydrogène neutre est noté HI et l'hydrogène ionisé HII. Dans les régions HII, l'hélium est aussi ionisé, mais moins que l'hydrogène, d'une part parce qu'il a deux électrons, d'autre part parce que l'énergie nécessaire pour lui enlever le premier électron est supérieure à celle nécessaire pour ioniser l'hydrogène (13,6 eV pour l'hydrogène, 24,4 eV pour l'hélium).
2. Technique proposée en 1974 par Manuel et Silvia Peimbert, de l'Université de Mexico, et reprise ensuite par de nombreux chercheurs.

part des cas, il se transforme en carbone et en éléments plus lourds dans la suite des réactions nucléaires. Lorsqu'il existe encore à la mort de l'étoile[1], il reste piégé dans le cœur qui se refroidit et se retrouve pour l'éternité dans une naine blanche, sans jamais rejoindre l'espace interstellaire. Dans tous les cas il est en grande partie perdu pour la Galaxie : la formation de l'hélium 4 dans les étoiles ne peut pas expliquer son abondance actuelle. En revanche, il faut en tenir compte pour retrouver son abondance originelle.

Ainsi, la technique consiste à étudier de quelle manière son abondance diminue lorsqu'on l'observe de plus en plus loin dans l'espace, et à comparer cette diminution avec celle des éléments carbone, azote, oxygène. En effet ces éléments n'existaient pas dans l'Univers primordial. Leur abondance tend vers zéro lorsqu'on s'éloigne dans l'espace, et donc dans le passé. En revanche celle de l'hélium 4 ne tend pas vers zéro, mais vers sa valeur originelle. Le résultat obtenu est qu'il y avait environ huit noyaux d'hélium 4 pour cent protons dans l'Univers primordial, alors que leur nombre est actuellement 10 %.

Le cas de l'hélium 3, petit frère de l'hélium 4, est beaucoup plus difficile à examiner, en raison de sa beaucoup plus faible abondance. On ne peut l'observer que dans quelques nébuleuses de notre Galaxie, et surtout dans notre environnement proche. Dans les années 1969 à 1972, les astronautes de cinq missions Apollo successives (11 à 16) ont pu relever sur la Lune les traces des particules en provenance du vent solaire, grâce à une sorte d'écran spécialement déposé à cet effet. Il a ainsi été possible d'y mesurer précisément la fraction d'hélium 3 : un peu plus de quatre atomes pour dix mille

---

1. Cela se produit dans les étoiles de petite masse.

atomes d'hélium 4[1]. Mais ceci ne représente que la valeur locale, et il est difficile d'en déduire la valeur d'origine dans l'Univers.

L'énigme du lithium (II)

Nous voici revenus à cet élément énigmatique et passionnant : le lithium, observé sous ses deux formes stables, le lithium 6 et le lithium 7. On détecte en moyenne dans l'espace douze fois plus de lithium 7 que de lithium 6. La présence du lithium 6 s'explique bien par les réactions de spallation dans la matière interstellaire (chapitre 8), mais ces mêmes réactions produisent au maximum deux fois plus de lithium 7 que de lithium 6, ce qui n'est pas suffisant. Il reste donc la tâche d'expliquer le lithium 7 observé dans l'Univers, c'est-à-dire la majorité du lithium existant au monde.

Lorsque l'on mesure la quantité de lithium présente dans les étoiles, par la méthode des spectres stellaires, on obtient une grande variété de résultats différents. Dans le Soleil, la proportion relative de lithium est 140 fois plus faible que dans les météorites. L'explication est connue : sans être aussi fragile que le deutérium, le lithium est partiellement détruit à l'intérieur les étoiles, à une température d'environ 2 millions de degrés. Dans la nébuleuse protosolaire, la quantité de lithium était la même que dans les météorites. Mais les régions externes du Soleil sont brassées par des mouvements

---

1. Cette expérience a été proposée et menée par Johannes Geiss, de l'Institut spatial de Berne (International Space Science Institute).

convectifs, qui entraînent la matière depuis la surface jusqu'aux régions où le lithium est détruit. Depuis quatre milliards et demi d'années, le lithium a ainsi diminué considérablement. D'une manière générale, le lithium observé à la surface des étoiles dépend du brassage de la matière dans les intérieurs stellaires : si, comme dans le Soleil, des mélanges se produisent jusqu'à une profondeur où le lithium est détruit, son abondance superficielle est réduite. Dans les étoiles qui n'ont pas de mélanges internes, le lithium superficiel est préservé.

La tâche consiste donc à expliquer, non pas la valeur moyenne du lithium observé dans les étoiles, mais sa valeur maximale. Par ailleurs, les observations montrent que dans les étoiles jeunes cette valeur est environ dix fois plus élevée que dans les étoiles vieilles. Quelle en est la raison ? Les astrophysiciens ont beaucoup travaillé sur ce sujet depuis plusieurs dizaines d'années, pour finalement donner une réponse double. D'une part le lithium a été partiellement détruit au cours du temps dans toutes les étoiles vieilles : la quantité originelle était environ deux fois plus élevée que le maximum observé actuellement. D'autre part une quantité importante de lithium a pu être formée au cours du temps dans la Galaxie, grâce à un processus nucléaire très particulier, qui ne peut se produire que dans certaines étoiles aux cours de phases évolutives avancées. L'existence de ce processus, encore mal compris, est attesté par le fait que ces rares étoiles contiennent dans leur spectre beaucoup plus de lithium que les autres.

Compte tenu de tous ces effets, l'abondance primordiale du lithium est évaluée au double de la valeur observée actuellement dans les étoiles vieilles, ce qui correspond à un noyau de lithium pour trois milliards de protons !

Big Bang standard

Que donnent les calculs de nucléosynthèse primordiale ? Les observations de la fuite des galaxies et du rayonnement cosmologique primordial permettent de remonter jusqu'aux premiers instants de l'Univers et de retrouver la manière dont la température et la densité ont évolué au cours du temps[1]. La température actuelle de l'Univers est connue très précisément : 2,73 degrés absolus. La question de la densité est plus délicate, car elle comporte plusieurs aspects. Il existe sans doute dans l'Univers plusieurs sortes de matière. Celle dont nous sommes faits et qui constitue notre monde habituel, appelée généralement « matière baryonique », ne représente probablement que quelques pour-cent de la matière globale existant dans l'espace. Le problème est que, si l'autre type de matière est fortement suspectée, elle reste encore inconnue ! À cela s'ajoute aussi l'« énergie sombre », mystérieuse mais dont les effets sont observés dans l'Univers à très grande échelle[2].

La valeur actuelle de cette densité n'est pas précisément déterminée, mais son évolution au cours du temps est bien connue. Cela signifie que la densité baryonique à l'époque de la nucléosynthèse primordiale et sa valeur actuelle sont intimement liées : si l'on change l'une, on change l'autre en conséquence.

Si la densité baryonique augmente, le nombre de noyaux d'hélium formés augmente aussi légèrement, alors que l'abondance de deutérium chute rapidement, ce qui est aussi

---

1. Voir chapitre 3, figure 3-1.
2. Voir chapitre 3, p. 93 et 95.

le cas de l'hélium 3. Ce comportement s'explique facilement : si la densité dans l'Univers primordial est plus importante, les réactions nucléaires se produisent plus tôt, à une époque où la température est plus élevée et le nombre de neutrons plus grand, comparé aux protons. Comme, au final, tous les neutrons présents se retrouvent dans les noyaux d'hélium, il est

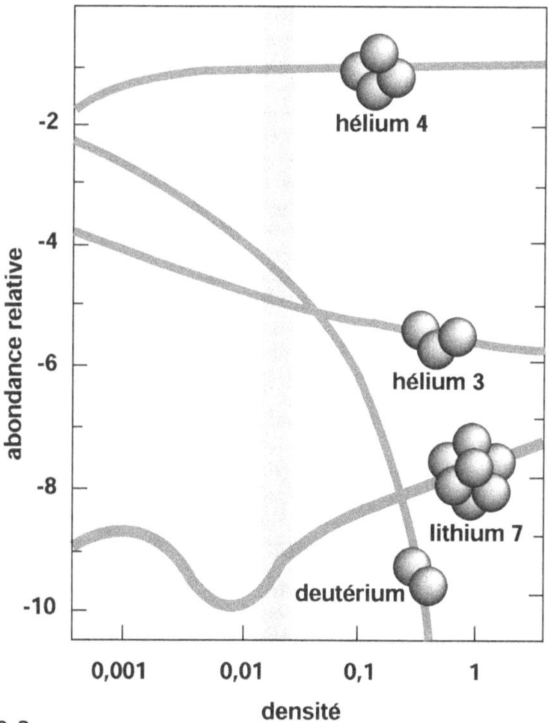

Figure 9-2

Les courbes montrent comment varient les abondances des éléments formés au cours de la nucléosynthèse primordiale, si l'on change la densité baryonique. Ce sont des résultats de calculs. L'échelle est logarithmique : par exemple, le nombre « – 6 » signifie un millionième (10^{-6}). Les valeurs de la densité baryonique sont indiquées par rapport à la densité critique (voir p. 221). La bande grise verticale correspond à la densité baryonique qui permet d'expliquer les abondances observées de tous les éléments (elle correspond à 4 % de la densité critique).

normal que ceux-ci soient formés en plus grand nombre. Dans les mêmes conditions, les réactions de combustion du deutérium en hélium 3 et de l'hélium 3 en hélium 4 sont favorisées, ce qui explique la décroissance rapide de leurs abondances : il en reste moins ! Quant au lithium 7, la courbe qui caractérise sa formation présente un creux caractéristique : c'est parce qu'il peut être formé par deux réactions nucléaires différentes, l'une plus active aux faibles densités, l'autre aux fortes densités.

Ça marche !

Le moment est venu d'ouvrir le rideau de scène et de dévoiler la concordance entre les calculs et les mesures : ça marche ! Pour chaque élément, il existe une valeur de la densité baryonique qui permet d'expliquer sa formation dans une quantité correspondant précisément à celle que nous mesurons. *Cette valeur est la même pour tous !* L'ensemble est donc cohérent. Ce résultat représente un fabuleux succès de la théorie du Big Bang : aucune autre théorie ne peut se prévaloir de réussir un aussi bel exploit.

Et ce n'est pas tout ! Si la nucléosynthèse primordiale a eu lieu au cours du premier quart d'heure de l'existence de l'Univers, un autre événement de grande importance s'est produit lorsque l'Univers avait quelque cent mille ans : le rayonnement cosmologique primordial. Ce rayonnement, presque totalement isotrope (identique dans toutes les directions), présente de très petites fluctuations, prémices de la formation ultérieure des galaxies. L'étude de ces fluctuations a permis de montrer que l'Univers n'est globalement ni « ouvert » ni « fermé », mais « plat », ce qui signifie que sa géométrie est la plus simple possible, sans courbure. Dans ces conditions sa densité totale, incluant la matière noire et l'énergie sombre, est connue : c'est ce que l'on appelle la « densité critique », d'environ 10^{-29} gramme par centimètre cube. Mais il est aussi possible, par l'étude des mêmes fluctuations du rayonnement cosmologique, de déterminer précisément la part de cette densité due à la matière baryonique : on obtient le résultat de 4 %, c'est-à-dire précisément *le même résultat que celui obtenu pour la nucléosynthèse primordiale* !

Il est bien difficile, dans ces conditions, de remettre en cause la théorie du Big Bang comme certains aimeraient parfois le faire. Pour pouvoir être acceptée, toute nouvelle théorie doit déjà permettre d'expliquer autant de phénomènes que la théorie en place, et apporter en plus de nouveaux résultats que la première ne peut atteindre. Découvrir une telle théorie alternative, après les fabuleux succès du Big Bang, relève de la gageure et semble bien improbable. Qui vivra verra !

CHAPITRE 10

Le passage

Le ciel est par-dessus le toit, si bleu, si calme…
Paul VERLAINE

Depuis sa prison, Paul Verlaine écrivait ce poème à la liberté, les yeux perdus vers l'espace lointain, l'esprit plongé dans le ciel immense et libre, à travers les barreaux de sa minuscule fenêtre. Qui n'a jamais rêvé posséder des ailes comme les oiseaux et voler de branche en branche, ou planer dans l'air pur, en regardant de haut le monde grouillant des humains ?

C'est peut-être ainsi que travaillent les chercheurs, qui observent et étudient le monde infini des astres pour essayer de mieux comprendre leurs origines. Le ciel bleu et lointain qui fait rêver les amoureux allongés sur l'herbe est encore bien proche de nous par rapport à l'immensité de la voûte étoilée qui se dévoile la nuit à nos yeux émerveillés. L'homme se sent alors bien petit par rapport au vaste monde auquel il appartient.

Passionné par la recherche de ses origines et du sens de sa présence au monde, il a petit à petit construit des instruments : lunettes astronomiques, télescopes, analyseurs de lumière, sondes spatiales, qui lui permettent maintenant d'observer le ciel, les planètes, les étoiles et les galaxies jusqu'aux confins de l'Univers.

Savaient-ils, ces alchimistes qui rêvaient de transmuter le plomb en or, qu'un tel travail était fait sous leurs yeux (ou presque) dans les étoiles ?

Cultiver la différence

Nous vivons pendant moins de cent ans sur une petite planète qui tourne autour d'une étoile banale depuis quatre milliards et demi d'années. Il existe des milliards de milliards d'étoiles dans l'Univers observable, dont beaucoup sont probablement entourées de planètes. Quel est, dans ces conditions, le sens de notre existence ? Il est bien difficile de répondre à cette question, laissée à la liberté de chacun. Mais il est intéressant de la resituer dans le cadre de la structure et de l'évolution de l'Univers, tel qu'il s'est dévoilé aux chercheurs scientifiques.

Le monde évolue en permanence et se construit au cours du temps. Notre existence sur Terre participe intimement à cette évolution. Nous sommes tous faits des mêmes éléments, élaborés dans l'espace cosmique. Ils y retourneront après notre mort. Mais ce sont les connexions extrêmement complexes entre ces éléments qui font de nous ce que nous sommes et qui créent toutes les différences. Chacun d'entre nous est un passage, un moment privilégié sur la Terre où nos éléments se sont assemblés de manière à faire émerger une personnalité particulière et unique.

Il y a environ trois cents fois plus de synapses (connexions neuronales) dans le cerveau humain que de galaxies dans l'univers observable. Ses possibilités sont immenses et sa complexité incommensurable. Dans un monde idéal, chacun devrait pouvoir cultiver son individualité et apporter sa contribution à l'évolution du monde par ses propres créations.

L'exaltation
du savoir nouveau

Il est difficile de savoir si les « hommes des cavernes » étaient heureux, mais l'intuition que nous pouvons en avoir en admirant les peintures et gravures rupestres laisse penser qu'ils menaient, de leur point de vue, une vie riche et sans doute aussi intéressante que la nôtre. Tout est une question de comparaison. Habitués à notre longue espérance de vie, il nous semblerait catastrophique de vivre en moyenne moins de vingt ans. Mais ceux qui n'avaient pas d'autres points de comparaison n'en souffraient sans doute pas autant qu'on pourrait l'imaginer à présent. De même, dans l'avenir, s'il arrive que les êtres humains vivent cinq cents ans, ils auront l'impression que ceux qui vivaient moins de cent ans devaient être très malheureux.

Le bonheur n'est pas uniquement dans le bien-être : c'est important, mais on s'y habitue trop vite... Le bonheur est dans la recherche, la créativité, la découverte, la nouveauté du savoir jusqu'ici inconnu. L'important est de se dépasser, d'avancer, d'évoluer.

Une personne immobilisée dans le plâtre pendant plusieurs semaines, dont les articulations sont bloquées et qui, ensuite, à force de persévérance, gagne du terrain jour après jour en leur redonnant vie est aussi heureuse que le grand sportif qui a dépassé son propre record.

Y a-t-il d'autres êtres humains ?

À l'époque du Moyen Âge, dès le XIVe siècle, le fait que la Terre soit ronde était considéré comme une certitude dans les milieux érudits. Mais se posait dès lors une question extrêment grave et préoccupante : existe-t-il des antipodes (*terra australis incognita*) ? Plus précisément, existe-t-il des gens qui vivent de l'autre côté[1] ?

La logique du problème était la suivante : Jésus-Christ a demandé à ses disciples d'évangéliser le monde entier. Or l'équateur était considéré comme insupportablement chaud et l'océan comme infranchissable. Donc s'il existait des hommes aux antipodes, ils étaient impossibles à joindre. Ceux qui tenteraient de les atteindre étaient quasiment certains de mourir dans d'atroces souffrances. Le Christ n'avait certainement pas voulu cela.

Conclusion : ou bien il n'y avait personne de l'autre côté, ou bien, s'il y avait des gens, ils n'avaient pas d'âme, de telle

---

1. D'après Rudolf Simek, « Sphère ou disque ? La forme de la Terre », dans « Les sciences au Moyen Âge », dossier spécial *Pour la science*, n° 37, 2003.

sorte qu'ils n'étaient pas « évangélisables ». La croyance qu'il pouvait exister des êtres humains aux antipodes était considérée comme une hérésie : c'est apparemment pour avoir défendu cette idée que l'astronome Cecco de Ascoli fut brûlé vif à Bologne en 1327. Cet état d'esprit a perduré plusieurs siècles. On se souvient de la controverse de Valladolid, en 1550-1551, à la suite de laquelle l'Église a décidé que les Indiens d'Amérique avaient bien une âme... Mais elle en a profité pour admettre ouvertement l'esclavage des Noirs africains.

La vie extraterrestre

Existe-t-il d'autres hommes ailleurs ? La recherche de la vie extraterrestre a dépassé le rêve et la fiction : elle est devenue une véritable question scientifique. De nombreuses planètes ont déjà été découvertes autour d'étoiles autres que le Soleil[1]. Ce sont presque toutes de grosses planètes géantes comme Jupiter ou Saturne, sans surface solide, incapables d'héberger la vie. Cela ne signifie évidemment pas qu'il n'existe pas de planètes comme la Terre, mais simplement qu'avec les moyens actuels, elles n'ont pas encore pu être découvertes. Cela ne saurait tarder : on connaît déjà quelques planètes qui ont seulement 10 à 20 fois la masse de la Terre, et plusieurs expériences au sol ou dans l'espace sont prévues à court terme pour descendre cette limite !

Que seront ces êtres vivants, si nous les découvrons un jour ? Seront-ils intelligents, ouverts et tolérants, ou au

---

1. Environ 170 au 1er janvier 2006.

contraire fanatiques et cruels ? Ils seront en tout cas formés des mêmes éléments que nous, même s'ils sont très différents.

Les éléments et la vie

Il est frappant de constater que les éléments les plus importants pour l'organisme humain sont justement les éléments les plus abondants dans l'Univers : l'hydrogène et l'oxygène sous forme d'eau ; le carbone dont les propriétés atomiques permettent de former la structure des molécules gigantesques et complexes du vivant ; l'oxygène encore, indispensable à la plupart des molécules organiques et qui apporte l'énergie et la purification par la respiration ; l'azote enfin, à la base des acides aminés et des protéines, indispensable aussi à la croissance des plantes qui servent ensuite de nourriture aux hommes.

Certains chercheurs ont imaginé la possibilité d'une vie dont l'épine dorsale serait à base de silicium et non de carbone. Il est difficile de se laisser convaincre par une telle idée lorsqu'on regarde la courbe d'abondance des éléments dans l'Univers : la place des éléments carbone, azote et oxygène y est bien particulière et il n'est pas étonnant que la vie en ait profité. Par ailleurs, le silicium n'a pas les mêmes propriétés chimiques que le carbone : par exemple l'équivalent pour le silicium du gaz carbonique, de formule CO_2, est le composant principal du sable, SiO_2 !

Il semble souvent difficile de croire à l'existence d'une vie semblable à la nôtre ailleurs dans l'Univers. Mais pourquoi pas ? Si l'Univers était prêt à l'émergence de la vie sur

Terre, il n'est pas exclu qu'elle ait pu avoir lieu ailleurs au même moment. Malheureusement, au cas où une vie intelligente aurait émergé sur une planète lointaine, autour d'une autre étoile, il serait bien difficile de communiquer avec elle à cause des énormes distances impliquées et du temps[1] que les informations mettraient pour nous parvenir, même à la vitesse de la lumière !

À *l'avenir...*

Actuellement tout va très vite, tout s'accélère. Il y a à peine un siècle, on se déplaçait encore à cheval : les vitesses de déplacement d'un point à un autre de la Terre n'avaient pas changé depuis des millénaires. Mais à présent nous pouvons faire le tour du monde en moins de deux jours !

Dans l'Univers au contraire, l'évolution se fait de manière de plus en plus lente. Les premiers événements qui se sont produits après le Big Bang ont eu lieu au cours de la première seconde, puis du premier quart d'heure. La première lumière s'est dévoilée en quelque cent mille ans... Mais les étoiles ont besoin de milliards d'années pour transformer la matière...

Nous vivons une époque à la fois fascinante et inquiétante. L'humanité devient planétaire et doit prendre en mains sa propre destinée. Cela ne se fait pas sans heurts, sans difficultés, ni retours en arrière, comme si elle se trouvait dans

---

1. Plusieurs années pour les étoiles les plus proches, des dizaines de milliers d'années pour les plus éloignées de la Galaxie.

une phase d'adolescence. Espérons qu'elle réussira à devenir adulte !

La Terre est exceptionnelle. Jusqu'à présent aucune autre planète parmi toutes celles que nous connaissons n'abrite la vie. L'homme prend conscience de son immense responsabilité : préserver les conditions permettant à la vie de continuer à exister et se développer sur Terre de manière harmonieuse. Peut-être réussira-t-il, dans un avenir proche ou lointain, à voyager vers Mars ou vers d'autres planètes. Mais recréer une atmosphère vivable pour lui sur une autre planète n'est pas pour demain ! Restons donc allongés sur le sol de notre belle planète bleue, les yeux tournés vers l'immensité des rêves infinis.

Annexe

Les éléments par ordre alphabétique

Chaque tableau donne, en première ligne : le symbole de l'élément, sa charge Z et sa masse atomique m. Les lignes suivantes indiquent les isotopes stables s'il en existe, avec leur nombre de masse A et leur pourcentage naturel sur Terre ; s'il n'existe pas d'isotope stable, on donne l'isotope radioactif naturel (R.N.) ou artificiel (R.A.) de plus longue durée de vie.

Actinium

Ac	Z = 89	m = 227,02774
Isotope R.N.	A = 227	100 %

Étymologie : du grec ακτινοσ, rayonnement

Découvert en 1899 par A.-L. Debierne, physicien français (1874-1949)

Source principale terrestre : 19 isotopes radioactifs de masse 209 à 231 sont connus, l'isotope 227 a la plus longue durée de

vie, 21,8 ans, et on le trouve dans l'écorce terrestre où il est produit par la désintégration de l'Uranium 235
Utilisation : études radiochimiques
Origine : étoiles

Aluminium

Al	Z = 13	m = 26,98
Isotope stable	A = 27	100 %

Étymologie : de alun, alumen en latin
Découverte : connu dès l'Antiquité mais extrait pour la première fois en 1827 par le chimiste allemand F. Wöhler (1800-1882)
Source principale terrestre : principal métal non ferreux, présent dans de nombreuses espèces minérales comme les feldspaths et leurs produits de décomposition (argiles et schistes) ; extrait à partir de la bauxite ; principaux gisements en Jamaïque, au Surinam, en Guyane, Guinée et Australie
Utilisation : dans les transports, l'industrie électrique, le bâtiment, les produits d'emballage...
Origine : étoiles

Américium

Am	Z = 95	m = (243)
Isotope R.A.	A = 243	100 %

Étymologie : de America
Découvert par les chimistes américains G. T. Seaborg (1912-1999, prix Nobel de chimie avec E. M. McMillan en 1951), R. A. James, L. O. Morgan et A. Ghiorso
Les 14 isotopes connus de masse comprise entre 237 et 245 sont artificiels et radioactifs ; ils sont produits à partir du Plutonium 239 par bombardement de neutrons ; l'isotope 243 a la plus longue durée de vie, 7 370 ans

Utilisation : études radiochimiques
Origine : artificiel

Antimoine

Sb	Z = 51	m = 121,75
Isotopes stables	A = 121 A = 122	57,25 % 42,75 %

Étymologie : du grec στιμμι, stibium en latin (d'où son symbole Sb), puis antimonium
Découverte : connu des Chaldéens dès 4000 avant J.-C.
Source principale terrestre : sous forme de sulfure (stibine) ; principaux gisements en Chine, Afrique du Sud, Russie, Bolivie, Mexique
Utilisation : entre dans la composition d'alliages pour en augmenter la dureté, ainsi que dans certaines peintures ; utilisé en pharmacie
Origine : étoiles

Argent

Ag	Z = 47	m = 107,87
Isotopes stables	A = 107 A = 109	51,35 % 48,65 %

Étymologie : du latin argentum, dérivé des mots grecs αργυρος, argent, et αργος, blanc
Découverte : l'un des métaux les plus anciennement connus, il était utilisé comme monnaie en Égypte dès 3500 avant J.-C.
Source principale terrestre : sous forme de sulfure, associé au sulfure de plomb ; principaux gisements au Mexique, aux États-Unis, au Canada et en Russie
Utilisation : la photosensibilité du chlorure d'argent a conduit à l'invention de la photographie en 1839 par N. Niepce

(1765-1833) et L. Daguerre (1789-1851) ; bijouterie, orfèvrerie, industrie aérospatiale
Origine : étoiles

Argon

Ar	Z = 18	m = 39,948
Isotopes stables	A = 36 A = 38 A = 40	0,34 % 0,06 % 99,60 %

Étymologie : du grec α, privatif et εργοζ, énergie
Découvert en 1894 par les chimistes anglais J. W. Rayleigh (1842-1919) et W. Ramsay (1852-1916), prix Nobel de chimie en 1904
Source principale terrestre : atmosphère ; premier gaz rare découvert, il constitue 1 % de l'air
Utilisation : lampes à incandescence, atmosphère pour la soudure de métaux oxydables
Origine : étoiles

Arsenic

As	Z = 33	m = 74,91
Isotope stable	A = 75	100 %

Étymologie : du grec αρσενικον, dérivé de az-zarnikh, nom perse de l'orpiment
Découverte : les sulfures d'arsenic, le réalgar et l'orpiment, étaient connus des Grecs ; l'arsenic aurait été reconnu en 1250 par le dominicain allemand Albertus Magnus (1193-1280), philosophe, théologien, alchimiste…
Source principale terrestre : sous forme d'arséniures, comme le mispickel, mélange d'arséniure de fer et de pyrite
Utilisation : entre dans la composition de produits toxiques, pharmacie
Origine : étoiles

Astate

At	Z = 85	m = (210)
Isotope R.A.	A = 210	100 %

Étymologie : du grec αστατος, instable

Découvert en 1940 par les physiciens américains E. Segré (1905-1989, prix Nobel de physique en 1959 avec O. Chamberlain), D. R. Carson et K. R. MacKenzie

C'est un élément artificiel dont la vingtaine d'isotopes sont radioactifs, l'isotope 210 ayant la plus longue durée de vie, 8,1 heures

Utilisation : aucune connue

Origine : artificiel

Azote

N	Z = 7	m = 14,0067
Isotopes stables	A = 14 A = 15	99,27 % 0,73 %

Étymologie : du grec αζοε signifiant « sans vie », le symbole N vient de nitrogène du grec nitron (salpêtre) et gennân (engendrer)

Découvert en 1772 par le chimiste anglais D. Rutherford (1749-1819)

Source principale terrestre : constitue 78 % de l'atmosphère en volume

Utilisation : engrais, pharmacie, colorants, agent réfrigérant sous forme liquide (– 195 °C), explosifs

Origine : étoiles

Baryum

Ba	Z = 56	m = 137,33
Isotopes stables	A = 130 A = 132 A = 134 A = 135 A = 136 A = 137 A = 138	0,106 % 0,101 % 2,417 % 6,592 % 7,854 % 11,230 % 71,700 %

Étymologie : du grec βαρυζ, lourd

Découverte : isolé en 1808 par H. Davy, chimiste anglais (1778-1829)

Source principale terrestre : baryte (sulfate de baryum)

Utilisation : sulfate de baryum utilisé en radiologie médicale, comme pigments en peinture, dans les boues pour forages pétroliers

Origine : étoiles

Berkélium

Bk	Z = 97	m = (247)
Isotope R.A.	A = 247	100 %

Étymologie : de Berkeley, Université de Californie

Découvert en 1949, à Berkeley (d'où son nom) par les physiciens américains S. G. Thompson, A. Ghiorso et G. T. Seaborg ; il est obtenu par bombardement d'américium par des noyaux d'hélium

Les 16 isotopes sont tous des éléments radioactifs artificiels, l'isotope 247 a la plus longue durée de vie, 1 400 ans

Utilisation : études radiochimiques

Origine : artificiel

Béryllium

Be	Z = 4	m = 9,012
Isotope stable	A = 9	100 %

Étymologie : du grec βερυλλοσ, brillant

Découverte : isolé en 1828 à partir du béryl indépendamment par A. Bussy (chimiste français, 1794-1882) et F. Wöhler (chimiste allemand, 1800-1882)

Source principale terrestre : sous forme de silicates (béryl, phénacites), d'aluminate (chrysobéryl), d'oxydes (bromellite), et de phosphates (béryllonite) ; le béryl est le principal minerai

Utilisation : l'alliage béryllium-aluminium est utilisé dans les missiles ; le principal alliage avec le cuivre, ou bronze au béryllium, sert dans la fabrication d'outils, de ressorts d'appareils électriques, de balanciers de montres ; sous forme pure le béryllium est utilisé comme fenêtre dans les tubes à rayons X et comme modérateur de neutrons dans les piles atomiques

Origine : réactions de spallation des rayons cosmiques sur la matière interstellaire

Bismuth

Bi	Z = 83	m = 208,98
Isotope stable	A = 209	100 %

Étymologie : de l'allemand wismuth

Découverte : distingué comme métal par l'Italien G. Agricola (1494-1555), il est isolé par les chimistes français J. Hellot (1685-1766) en 1737 et C. Geoffroy (1685-1752) en 1753 (publication posthume)

Source principale terrestre : les minerais de bismuth sont généralement associés aux minerais de plomb, d'étain, de cobalt, d'or ou de cuivre ; on trouve le bismuth sous forme de sulfures (bismuthine), d'oxydes (bismite ou bismuthocre) et de carbonates ; les gisements sont en Afrique du Sud, au Mozambique, en Ouganda, au Zimbabwe, au Transvaal, en Argentine, en Bolivie, au Pérou, en Russie, en France, en Suède, en Norvège, en Australie, au Canada et aux États-Unis

Utilisation : alliages à bas point de fusion, pharmacie, thermopiles, industrie atomique

Origine : étoiles

Bohrium

Bh	Z = 106	m = (264)
Isotope R.A.	A = 264	100 %

Étymologie : en l'honneur du physicien danois N. Bohr (1885-1962), prix Nobel de physique en 1922

Découvert en 1981 par les physiciens allemands P. Armbruster et G. Münzenberg et leurs collaborateurs du GSI (Gesellschaft für Schwerionenforschung) à Darmstadt

Élément artificiel radioactif ; on connaît 10 isotopes ; le 264 a une durée de vie de 0,44 s

Utilisation : aucune

Origine : artificiel

Bore

B	Z = 5	m = 10,81
Isotopes stables	A = 10 A = 11	19,20 % 80,80 %

Étymologie : borax, du persan boûrah

Découvert en 1808 par les chimistes français J. Gay-Lussac (1778-1850) et L. J. Thénard (1777-1857) et le chimiste anglais H. Davy (1778-1829)

Source principale terrestre : borate de magnésium et borate de sodium (borax) ; principaux gisements en Californie, au Chili, en Asie centrale, en Russie, Allemagne et Italie

Utilisation : émaux et verres pyrex, abrasif (nitrure de bore), absorbeur de neutrons dans les piles atomiques ; le borax et l'acide borique sont utilisés en galvanoplastie, photographie, blanchisserie, teinturerie, pharmacie, et entrent dans la préparation de colles et les condensateurs

Origine : réactions de spallation des rayons cosmiques sur la matière interstellaire

Brome

Br	$Z = 35$	$m = 79,904$
Isotopes stables	$A = 79$ $A = 81$	50,54 % 49,46 %

Étymologie : du grec βρωμοζ (puanteur)

Découvert en 1826 par le chimiste français A. Balard (1802-1876)

Source principale terrestre : eau de mer, gisements salins, saumures

Utilisation : pharmacie (biocides), retardateur de flammes (sous forme de composés bromés), photographie (bromure d'argent)

Origine : étoiles

Cadmium

Cd	Z = 48	m = 112,41
Isotopes stables	A = 106	1,21 %
	A = 108	0,88 %
	A = 110	12,39 %
	A = 111	12,75 %
	A = 112	24,07 %
	A = 113	12,26 %
	A = 114	28,86 %
	A = 116	7,58 %

Étymologie : de cadmie, le carbonate de zinc extrait de la mine de Kadmos, en Grèce, duquel on tire le cadmium

Découvert en 1817 par le chimiste allemand F. Stromeyer (1776-1835)

Source principale terrestre : présent dans les minerais de sulfure de zinc (blendes)

Utilisation : galvanoplastie, pigments, alliages de protection du fer contre la corrosion, accumulateurs alcalins, absorbeurs de neutrons dans les piles atomiques, énergie solaire

Origine : étoiles

Calcium

Ca	Z = 20	m = 40,07
Isotopes stables	A = 40	96,941 %
	A = 42	0,647 %
	A = 43	0,135 %
	A = 44	2,086 %
	A = 46	0,004 %
	A = 48	0,187 %

Étymologie : du latin calx (chaux)

Découvert en 1808 par le chimiste anglais H. Davy (1778-1829)

Source principale terrestre : on le trouve dans des minéraux calciques, carbonates simples (calcites ou aragonite), calcaire, craie, marbre, carbonates doubles (dolomite), sulfates (gypse, anhydrite) ; il représente environ 3,5 % de la masse de la croûte terrestre

Utilisation : important pour la croissance des vertébrés (os, dents) ; la chaux et des silicates de calcium entrent dans la composition des ciments ; le gypse est la base de la fabrication du plâtre ; les différents calcaires servent de pierres à bâtir ; des composés calciques entrent dans la compositions d'engrais

Origine : étoiles

Californium

Cf	Z = 98	m = (251)
Isotope R.A.	A = 251	100 %

Étymologie : de Californie

Découvert en 1950 par les physiciens américains S. G. Thompson, K. Street, A. Ghiorso et G. T. Searborg

Les 18 isotopes connus sont artificiels et radioactifs ; leur nombre de masse est compris entre 239 et 256, l'isotope 251 ayant la plus longue durée de vie (800 ans)

Utilisation : analyse par activation, biologie, médecine

Origine : artificiel

Carbone

C	Z = 6	m = 12,01
Isotopes stables	A = 12 A = 13	98,90 % 1,10 %

Étymologie : du latin carbo, charbon

Découverte : connu depuis la préhistoire

Source principale terrestre : charbon, graphite, diamants ; le carbone a aussi 7 isotopes radioactifs, dont le ^{14}C de durée de vie 5 715 ans utilisé pour les datations

Utilisation : le carbone est à la base de la chimie organique et de la pétrochimie, sources de très nombreuses applications (matières plastiques, textiles synthétiques, solvants, engrais, goudrons, carburants, etc.)

Origine : étoiles

Cérium

Ce	Z = 58	m = 140,11
Isotopes stables	A = 136 A = 138 A = 140 A = 142	0,185 % 0,251 % 88,450 % 11,114 %

Étymologie : de Cérès, déesse romaine des Moissons et de l'Agriculture, nom de l'astéroide découvert deux ans avant celle du Cérium

Découvert indépendamment en 1803 par les chimistes suédois J. Berzélius (1779-1848) et W. Hisinger (1765-1852) et allemand M. Klaproth (1743-1817)

Source principale terrestre : mélangé à d'autres métaux de terres rares

Utilisation : l'alliage avec le fer sert dans la fabrication de pierres à briquet

Origine : étoiles

Césium

Cs	Z = 55	m = 132,9054
Isotope stable	A = 133	100 %

Étymologie : de caesium, bleu du ciel

Découvert en 1860 par les chimistes allemands R. Bunsen (1811-1899) et G. Kirchhoff (1824-1887)

Source principale terrestre : accompagne les autres alcalins dans leurs minerais (lépidolite) ; en particulier le minerai silico-aluminate de césium (pollux) se trouve aux États-Unis et en Suède

Utilisation : cellules photoélectriques

Origine : étoiles

Chlore

Cl	Z = 17	m = 35,453
Isotopes stables	A = 35 A = 37	75,53 % 24,47 %

Étymologie : du grec κλωρυζ, vert

Découvert en 1774 par le chimiste suédois C. W. Scheele (1742-1786) puis par les chimistes français L.-J. Gay-Lussac (1778-1850) et L. J. Thénard (1777-1857) en 1809 et anglais H. Davy (1778-1829) en 1810

Source principale terrestre : chlorure de sodium dans l'eau de mer

Utilisation : solvants, plastiques, caoutchoucs synthétiques, insecticides, papier, eau de Javel, acide chlorhydrique, traitement des eaux

Origine : étoiles

Chrome

Cr	Z = 24	m = 51,996
Isotopes stables	A = 50 A = 52 A = 53 A = 54	4,31 % 83,76 % 9,55 % 2,38 %

Étymologie : du grec χρωμα, couleur

Découvert en 1798 par le chimiste et pharmacien français L. Vauquelin (1763-1829)

Source principale terrestre : chromite, principaux producteurs : Zimbabwe, Russie, Afrique du Sud, Turquie

Utilisation : aciers spéciaux, aciers inoxydables, colorants pour verres, porcelaines, tissus et peinture, dans des alliages en constructions mécaniques, chirurgie dentaire

Origine : étoiles

Cobalt

Co	Z = 27	m = 58,9332
Isotope stable	A = 59	100 %

Étymologie : du grec κοβαλος, mime, ou de l'allemand Kobold, gnome

Découvert en 1735 par le chimiste suédois G. Brandt (1694-1768)

Source principale terrestre : les plus importants minerais sont des arséniures de cobalt (smaltite, safflorite), avec des gisements au Canada, au Maroc, aux États-Unis, en Allemagne, en Suède ; le cobalt entre dans la composition de la vitamine B12

Utilisation : aciers spéciaux, radiographie industrielle et radiothérapie (utilisant l'isotope 60 radioactif), colorants en verrerie, céramique, engrais

Origine : étoiles

Cuivre

Cu	Z = 29	m = 63,546
Isotopes stables	A = 63 A = 65	69,12 % 30,88 %

Étymologie : du grec χαλχοσ, puis du latin cyprium, puis cuprum, nom de l'île de Chypre d'où provenait le minerai de cet élément

Découverte : connu en Mésopotamie 9 000 ans avant J.-C.

Source principale terrestre : c'est en importance le deuxième métal non ferreux après l'aluminium ; principaux gisements de minerais contenant du cuivre aux États-Unis (Michigan, Montana), Mexique, Pérou, Chili, Zaïre, Zambie, Afrique du Sud, Australie, Russie

Utilisation : laiton, alliage avec le zinc ; bronzes, alliages avec l'étain ; ustensiles, armes ; transport de l'électricité, canalisations d'eau et de gaz ; génie maritime (hélices de bateaux), toitures, quincaillerie

Origine : étoiles

Curium

Cm	Z = 96	m = (247)
Isotope R.A.	A = 247	100 %

Étymologie : nom en hommage aux physiciens français Pierre (1859-1906) et Marie Curie (1867-1934)

Découverte : préparé en 1944 par les physiciens américains G. T. Seaborg, R. A. James et A. Ghiorso par bombardement du plutonium 239 par des noyaux d'hélium

C'est un élément artificiel dont on connaît 13 isotopes tous radioactifs, de nombre de masse compris entre 238 et 251 ; l'isotope 247 a la plus longue durée de vie : 15,6 millions d'années
Utilisation : sources thermo-électriques, médecine
Origine : artificiel

Darmstadtium

Ds	Z = 110	m = (271)
Isotope R.A.	A = 271	100 %

Étymologie : de Darmstadt, ville d'Allemagne où se trouve le GSI (Gesellschaft für Schwerionenforschung), institut où ont été découverts plusieurs éléments lourds
Découvert en 1994 par les physiciens allemands S. Hofmann, V. Ninov, F. Hessberger, P. Armbruster, H. Folger, G. Münzenberg, H. Schött et leurs collaborateurs du GSI de Darmstadt
Élément artificiel radioactif ; on connaît 9 isotopes ; le 271 a une durée de vie de 0,011 seconde
Utilisation : aucune
Origine : artificiel

Dubnium

Db	Z = 105	m = (262)
Isotope R.A.	A = 262	100 %

Étymologie : de la ville russe de Dubna
La découverte de cet élément a donné lieu à une controverse entre les chercheurs russes du Joint Institute for Nuclear Research de Dubna, qui ont annoncé la découverte de l'élément 105 en 1967 et l'équipe de A. Ghiorso à Berkeley qui fit

la même annonce en 1969. Les Russes proposèrent le nom nielsbohrium, en hommage au physicien danois Niels Bohr (1885-1962, prix Nobel de physique en 1922), alors que les Américains proposèrent le nom de hahnium, en l'honneur du chimiste allemand O. Hahn (1879-1968, prix Nobel de chimie en 1944). L'institution internationale chargée de nommer les éléments chimiques, l'IUPAC, lui a attribué provisoirement le nom d'unnilpentium, référence aux chiffres 1, 0 et 5 exprimés en latin, puis a finalement adopté le nom de dubnium, référence à la ville de Dubna, en 1997, avec le symbole Db
Élément artificiel dont on connaît 8 isotopes radioactifs, l'isotope 262 ayant la plus longue durée de vie (34 secondes)
Utilisation : aucune
Origine : artificiel

Dysprosium

Dy	Z = 66	m = 162,50
Isotopes stables	A = 156	0,06 %
	A = 158	0,10 %
	A = 160	2,34 %
	A = 161	18,91 %
	A = 162	25,51 %
	A = 163	24,90 %
	A = 164	28,18 %

Étymologie : du grec δυσπροσιτος, difficile à atteindre
Découvert en 1886 par le chimiste français P. Lecoq de Boisbaudran (1838-1912)
Source principale terrestre : on le trouve dans les minéraux xenotime, monazite, bastnaésite
Utilisation : entre dans l'élaboration des matériaux pour lasers, aciers spéciaux, CD
Origine : étoiles

Einsteinium

Es	Z = 99	m = (252)
Isotope R.A.	A = 252	100 %

Étymologie : en hommage au physicien allemand A. Einstein (1879-1955), prix Nobel de physique en 1921

Découvert en 1952 par une équipe de 15 chercheurs américains, dans les résidus d'une explosion thermonucléaire expérimentale

Élément artificiel dont les 17 isotopes sont radioactifs, l'isotope 252 ayant la plus longue durée de vie (1,29 an)

Utilisation : aucune connue

Origine : artificiel

Erbium

Er	Z = 68	m = 167,26
Isotopes stables	A = 162	0,14 %
	A = 164	1,56 %
	A = 166	33,41 %
	A = 167	22,94 %
	A = 168	27,07 %
	A = 170	14,88 %

Étymologie : de Ytterby, ville suédoise

Découverte : en 1843, le chimiste suédois C.G. Mosander (1797-1856) sépara l'yttria en trois composants, yttria, erbia et terbia ; l'erbium fut isolé en 1905 par le chimiste français G. Urbain (1872-1938)

Source principale terrestre : erbine (oxyde ou hydroxyde d'erbium), monazite, xenotime, euxenite

Utilisation : filtres photographiques, industrie nucléaire (absorbant de neutrons), alliage avec le vanadium, fibres optiques, colorant pour verre et porcelaine, verres pour lunettes de soleil

Origine : étoiles

Étain

Sn	Z = 50	m = 118,71
Isotopes stables	A = 112	0,97 %
	A = 114	0,66 %
	A = 115	0,34 %
	A = 116	14,54 %
	A = 117	7,68 %
	A = 118	24,22 %
	A = 119	8,59 %
	A = 120	32,58 %
	A = 122	4,63 %
	A = 124	5,79 %

Étymologie : connu depuis l'Antiquité sous le nom latin de plumbum album, ou plomb blanc, puis de stannum, d'où son symbole Sn

Découverte : connu des Romains

Source principale terrestre : cassitérite, ou oxyde d'étain

Utilisation : sous forme d'alliages avec le cuivre (bronzes), utilisés dans la fabrication de contacts électriques, de ressorts, d'engrenages, de cloches, de miroirs ; et d'alliages avec le plomb (soudures) dans la fabrication de circuits imprimés ; l'alliage avec le niobium est supraconducteur jusqu'à 18 K

Origine : étoiles

Europium

Eu	Z = 63	m = 151,96
Isotopes stables	A = 151 A = 153	47,86 % 52,14 %

Étymologie : de Europe

Découvert en 1901 par le chimiste français E. Demarçay (1852-1904)

Source principale terrestre : on le trouve dans les minerais monazite et bastnaésite

Utilisation : catalyse, métallurgie, verres et céramiques, luminophores rouges des tubes de télévision (avec l'oxyde d'yttrium), absorbant de neutrons en énergie nucléaire, matériel pour lasers, alliages

Origine : étoiles

Fer

Fe	Z = 26	m = 55,847
Isotopes stables	A = 54 A = 56 A = 57 A = 58	5,81 % 91,64 % 2,21 % 0,34 %

Étymologie : du latin ferrum

Découverte : connu des Chinois et des Égyptiens dès l'Antiquité

Source principale terrestre : ne se trouve pas à l'état libre dans la croûte terrestre, mais dans de nombreux types de minerais où il est principalement sous forme d'oxyde ferrique ; on le trouve à l'état pur dans certains types de météorites et dans le noyau de la Terre ; principaux gisements : Brésil, Chine, Russie, Australie

Utilisation : industrie métallurgique, aciers, construction

Origine : étoiles

Fermium

Fm	Z = 100	m = (257)
Isotope R.A.	A = 257	100 %

Étymologie : en hommage au physicien italien E. Fermi (1901-1954), prix Nobel de physique en 1938

Découvert en 1952 dans les résidus d'une explosion nucléaire expérimentale

Élément artificiel dont les 18 isotopes sont radioactifs, l'isotope 257 ayant la plus grande durée de vie (100,5 jours)

Utilisation : études de physique nucléaire

Origine : artificiel

Fluor

F	Z = 9	m = 18,998
Isotope stable	A = 19	100 %

Étymologie : du latin fluo (je coule)

Découvert en 1886 par le chimiste français H. Moissan (1852-1907 ; prix Nobel de chimie en 1906)

Source principale terrestre : cryolite, fluorine

Utilisation : entre dans la composition de fluides frigorifiques (fréons), de gaz propulseurs (aérosols, propulsion de fusées), de protection anticorrosion (Téflon), de catalyseurs industriels (industrie pétrolière), de pâtes dentifrices ; ses réactions chimiques dans la haute atmosphère terrestre sont en partie responsables de la réduction de la couche d'ozone

Origine : étoiles

Francium

Fr	Z = 87	m = (223)
Isotope R.A.	A = 223	100 %

Étymologie : de France

Découvert en 1937 par la physicienne française M. Perey (1909-1975)

Élément artificiel radioactif provenant de la désintégration de l'actinium ; on connaît 18 isotopes dont le 223 a la plus longue durée de vie (22 minutes)

Utilisation : aucune connue

Origine : artificiel

Gadolinium

Gd	Z = 64	m = 157,25
Isotopes stables	A = 152	0,20 %
	A = 154	2,18 %
	A = 155	14,80 %
	A = 156	20,47 %
	A = 157	15,65 %
	A = 158	24,84 %
	A = 160	21,86 %

Étymologie : en hommage au chimiste finlandais J. Gadolin (1760-1852)

Découvert en 1886 par le chimiste français P. Lecoq de Boisbaudran (1838-1912)

Source principale terrestre : gadolinite et sable monazite

Utilisation : aciers spéciaux, composants électroniques

Origine : étoiles

Gallium

Ga	Z = 31	m = 69,72
Isotopes stables	A = 69 A = 71	60,22 % 39,78 %

Étymologie : dérivé du nom de son découvreur Lecoq, et de Gallus, coq en latin, ou de France, Gallia en latin

Découvert en 1878 par le chimiste français P. Lecoq de Boisbaudran (1838-1912)

Source principale terrestre : germanite, bauxite

Utilisation : semi-conducteurs, micro-ondes, ferrites

Origine : étoiles

Germanium

Ge	Z = 32	m = 72,61
Isotopes stables	A = 70 A = 72 A = 73 A = 74 A = 76	20,84 % 27,54 % 7,73 % 36,28 % 7,61 %

Étymologie : de Germanie

Découvert en 1886 par le chimiste allemand C. Winkler (1838-1904)

Source principale terrestre : dans certains charbons et sous-produits de raffinage du cuivre, du zinc et du plomb

Utilisation : semi-conducteurs, transistors, optique (infra-rouge), alliages en chirurgie dentaire

Origine : étoiles

Hafnium

Hf	Z = 72	m = 178,49
Isotopes stables	A = 174 A = 176 A = 177 A = 178 A = 179 A = 180	0,16 % 5,21 % 18,56 % 27,10 % 13,75 % 35,22 %

Étymologie : de Hafnia, latinisation de la deuxième partie de Copenhague
Découvert en 1923 par les chimistes suédois G. von Hevesy (1885-1966) et hollandais D. Coster (1889-1950)
Source principale terrestre : toujours associé au zirconium
Utilisation : barre de contrôle des réacteurs nucléaires, filaments de lampe à incandescence
Origine : étoiles

Hassium

Hs	Z = 107	m = (269)
Isotopes R.A.	A = 269	100 %

Étymologie : de Hassias, latinisation de Hesse, l'État allemand où se trouve Darmstadt, la ville où fut découvert l'élément
Découvert en 1984 par les physiciens allemands P. Armbruster et G. Münzenberg et leurs collaborateurs du GSI (Gesellschaft für Schwerionenforschung) de Darmstadt
Élément artificiel radioactif ; on connaît 8 isotopes ; le 269 a une durée de vie de 9,3 s
Utilisation : aucune
Origine : artificiel

Hélium

He	Z = 2	m = 4,0026
Isotopes stables	A = 3 A = 4	< 0,005 % ~ 100 %

Étymologie : du grec ηλιοζ (soleil)

Découvert en 1868 indépendamment par l'astronome français J. Janssen (1824-1907) et le physicien anglais N. Lockyer (1836-1920)

Source principale terrestre : présent dans certains minerais d'uranium et en faible quantité dans l'air ; il a été découvert dans le spectre solaire

Utilisation : gonflage des aérostats et dirigeables, réfrigérant sous forme liquide, superfluide à une température de $-270,98°$ C

Origine : Big Bang, étoiles

Holmium

Ho	Z = 67	m = 164,93
Isotope stable	A = 165	100 %

Étymologie : latinisation de la dernière syllabe de Stockholm

Découvert en 1878 par le chimiste suédois P. Cleve (1840-1905)

Source principale terrestre : comme d'autres terres rares dans la gadolinite et le sable monazite

Utilisation : très peu d'applications jusqu'à présent

Origine : étoiles

Hydrogène

H	Z = 1	m = 1,008
Isotopes stables	A = 1 A = 2	~ 100 % < 0,005 %

Étymologie : du grec υδορ (eau) et γεvvαo (j'engendre)

Découverte : en 1781 par le chimiste anglais H. Cavendish (1731-1810) puis en 1783 par le chimiste français A. Lavoisier (1743-1794) et le capitaine du Génie J.-B. Meusnier de la Place (1754-1793) ; Lavoisier donna le nom hydrogène

Source principale terrestre : eau

Utilisation : gaz industriel, industrie des corps gras, savons, lubrifiants, peintures, vernis ; industrie électronique (cristaux de semi-conducteurs) ; carburants (propulsion de fusées et d'engins spatiaux) ; industrie chimique (engrais, explosifs, matières colorantes, résines, raffinage de fuels, essences spéciales, pharmacie) ; l'utilisation de l'hydrogène comme combustible nucléaire fait l'objet d'études expérimentales ; la réaction de fusion de ses isotopes deutérium et tritium (radioactif) est à la base de la bombe à hydrogène (la première bombe H a été testée à Eniwetok en 1952)

Origine : Big Bang

Indium

In	Z = 49	m = 114,82
Isotopes stables	A = 113 A = 115	4,26 % 95,74 %

Étymologie : de indigo, couleur caractéristique d'une raie de son spectre

Découvert en 1863 par les chimistes allemands F. Reich (1799-1882) et H. Richter (1824-1898)

Source principale terrestre : dans les minerais de zinc
Utilisation : objets dentaires, électronique des semi-conducteurs, cellules photoélectriques, alliages pour soudure, alliages à basse température de fusion
Origine : étoiles

Iode

In	Z = 53	m = 126,90
Isotope stable	A = 127	100 %

Étymologie : du grec ιωδης (violet)
Découvert en 1811 par le chimiste et pharmacien français B. Courtois (1777-1838)
Source principale terrestre : eau de mer, algues
Utilisation : en médecine comme traceur (exploration de la thyroïde, scintigraphie à l'aide de ses isotopes radioactifs), en pharmacie (antiseptique) ; lampes halogènes
Origine : étoiles

Iridium

Ir	Z = 77	m = 192,22
Isotopes stables	A = 191 A = 193	38,5 % 61,5 %

Étymologie : du grec ιριδιος (arc-en-ciel)
Découvert en 1804 par les chimistes anglais S. Tennant (1761-1815) et français A. de Fourcroy (1755-1869), L. Vauquelin (1763-1829) et H. Collet-Descotils (1773-1815)
Source principale terrestre : dans les mêmes dépôts que le platine
Utilisation : en alliage avec le platine pour des matériels à grande résistance, instruments de chirurgie ; contacts électri-

ques ; le nom iridium a été choisi pour une constellation de satellites de communication qui devait comprendre 77 satellites, autant que le nombre d'électrons de l'élément. Son exceptionnelle résistance à la corrosion l'a fait choisir pour la fabrication du mètre étalon de Paris qui est un alliage de 90 % de platine et de 10 % d'iridium

Origine : étoiles ; sa présence en grande quantité sur un site présumé d'une chute de météorite de grande masse a renforcé l'hypothèse selon laquelle cette météorite serait responsable de la disparition des dinosaures il y a 65 millions d'années

Krypton

Kr	Z = 36	m = 83,80
Isotopes stables	A = 78	0,35 %
	A = 80	2,27 %
	A = 82	11,56 %
	A = 83	11,55 %
	A = 84	56,90 %
	A = 86	17,37 %

Étymologie : du grec χρυπτοζ (caché)

Découvert en 1878 par les chimistes anglais W. Ramsay (1852-1916 ; prix Nobel de chimie en 1904) et M. Travers (1872-1961)

Source principale terrestre : l'atmosphère ; il s'obtient par distillation fractionnée de l'air liquide

Utilisation : lampes à incandescence, tubes électroniques, lampes clignotantes stroboscopiques sur les pistes d'atterrissage des aéroports, lasers ultraviolets, standard de longueur d'onde

Origine : étoiles

Lanthane

La	Z = 57	m = 138,90
Isotopes stables	A = 138 A = 139	0,09 % 99,91 %

Étymologie : du grec λανθανειν (être caché)

Découvert en 1839 par le chimiste suédois C. G. Mosander (1797-1856)

Source principale terrestre : comme d'autres terres rares on le trouve dans la monazite et la bastnaésite

Utilisation : électrodes, optique (lentilles d'appareils photographiques)

Origine : étoiles

Lawrencium

Lr	Z = 103	m = (262)
Isotope R.A.	A = 262	100 %

Étymologie : en hommage au physicien américain E. Lawrence (1901-1958), prix Nobel de physique en 1939 pour l'invention du cyclotron

Découvert en 1961 par les physiciens américains A. Ghiorso, T. Sikkeland, A. E. Larsh et R. M. Latimer

Élément artificiel, ses 8 isotopes sont radioactifs, l'isotope 262 a la plus longue durée de vie (3,6 heures)

Utilisation : aucune connue

Origine : artificiel

Lithium

Li	Z = 3	m = 6,941
Isotopes stables	A = 6 A = 7	7,35 % 92,65 %

Étymologie : du grec λιθοζ (pierre)

Découvert en 1817 par le chimiste suédois J. Arfvedson (1792-1841)

Source principale terrestre : dans les minerais lépidolite, pétalite, spodumène, et amblygonite ; principaux gisements aux États-Unis (Californie et Nevada), en Suède, en Afrique du Sud, au Chili

Utilisation : industrie du verre, piles alcalines au lithium, batteries, industrie aéronautique pour ses alliages avec d'autres métaux, pharmacie (traitement des psychoses maniaco-dépressives), industrie nucléaire

Origine : Big Bang, spallation de la matière interstellaire par les rayons cosmiques, étoiles

Lutétium

Lu	Z = 71	m = 174,97
Isotopes stables	A = 175 A = 176	97,41 % 2,59 %

Étymologie : de Lutèce, ancien nom de Paris ; le nom a été changé de lutécium en lutétium en 1949

Découvert en 1907 par le chimiste français G. Urbain (1872-1938)

Source principale terrestre : présent dans le même minerai que l'ytterbium et dans la monazite ; gisements en Inde, au Brésil, aux États-Unis et en Australie

Utilisation : utilisé comme catalyseur dans des réactions de craquage (industrie pétrolière), d'hydrogénation et de polymérisation
Origine : étoiles

Magnésium

Mg	Z = 12	m = 24,305
Isotopes stables	A = 24 A = 25 A = 26	78,99 % 10,00 % 11,01 %

Étymologie : de Magnésie, île grecque où fut trouvé le minerai qui le contient
Découverte : par les chimistes anglais J. Black (1728-1799) en 1755 puis H. Davy (1778-1829) en 1808
Source principale terrestre : magnésite, dolomite, eau de mer
Utilisation : alliages légers utilisés dans l'industrie aéronautique, industrie pharmaceutique
Origine : étoiles

Manganèse

Mn	Z = 25	m = 54,93
Isotope stable	A = 55	100 %

Étymologie : du latin magnes ou magnesia nigra
Découvert en 1774 par le chimiste suédois J.-G. Gahn (1745-1818)
Source principale terrestre : pyrolusite ou magnésie noire, psilomélane, rhodochrosite
Utilisation : aciers spéciaux, batteries, céramiques, vitamine B1
Origine : étoiles

Meitnerium

Mt	Z = 109	m = (268)
Isotope R.A.	A = 268	100 %

Étymologie : en l'honneur de la physicienne autrichienne L. Meitner (1878-1968)

Découvert en 1982 par les physiciens allemands P. Armbruster et G. Münzenberg et leurs collaborateurs du GSI (Gesellschaft für Schwerionenforschung) de Darmstadt

Élément artificiel radioactif ; on connaît 9 isotopes ; le 268 a une durée de vie de 0,07 s

Utilisation : aucune

Origine : artificiel

Mendélevium

Md	Z = 101	m = (258)
Isotope R.A.	A = 258	100 %

Étymologie : en hommage au chimiste russe D. Mendeleïev (1834-1907)

Découvert en 1955 par les physiciens américains G. Seaborg, A. Ghiorso, B. Harvey, G. Choppin et S. G. Thompson

Élément artificiel radioactif ; on connaît 6 isotopes, l'isotope 258 a la plus longue durée de vie (51,5 jours)

Utilisation : aucune connue

Origine : artificiel

Mercure

Hg	Z = 80	m = 200,59
Isotopes stables	A = 196	0,15 %
	A = 198	9,97 %
	A = 199	16,87 %
	A = 200	23,10 %
	A = 201	13,18 %
	A = 202	29,86 %
	A = 204	6,87 %

Étymologie : du grec υδραργυροσ, formé de υδορ (eau) et de αργυροσ (argent), le latin a fait hydrargyrum, d'où le symbole Hg ; les alchimistes l'appelaient vif-argent et le représentaient par le symbole de la planète Mercure, d'où son nom actuel

Découverte : connu des Chinois et des Indiens depuis l'Antiquité

Source principale terrestre : cinabre (sulfure de mercure) ; principaux gisements en Espagne (mine d'Almaden), en Italie (Toscane) en Slovénie (mine d'Idria)

Utilisation : argenture, dorure, amalgame de l'or et de l'argent ; les chercheurs d'or l'utilisent pour amalgamer les paillettes d'or, ce qui cause de graves problèmes de pollution des eaux en Amazonie et en Birmanie ; baromètres, thermomètres, amalgames dentaires, piles, lampes ; neurotoxique, le mercure s'accumule dans la chaîne alimentaire aquatique

Origine : étoiles

Molybdène

Mo	Z = 42	m = 95,94
Isotopes stables	A = 92	14,84 %
	A = 94	9,25 %
	A = 95	15,92 %
	A = 96	16,68 %
	A = 97	9,55 %
	A = 98	24,13 %
	A = 100	9,63 %

Étymologie : du grec μολυβδος (plomb), appellation de plusieurs minerais plombifères

Découvert en 1778 par le chimiste suédois C. W. Scheele (1742-1786) et le minéralogiste suédois P.-J. Hjelm (1746-1813)

Source principale terrestre : molybdénite et wulfénite

Utilisation : aciers spéciaux et aciers inoxydables ; industrie aéronautique

Origine : étoiles

Néodyme

Nd	Z = 60	m = 144,24
Isotopes stables	A = 142	27,13 %
	A = 143	12,18 %
	A = 144	23,80 %
	A = 145	8 309 %
	A = 146	17,19 %
	A = 148	5,76 %
	A = 150	5,64 %

Étymologie : du grec νεοσ διδψμοσ (nouveau jumeau)

Découvert en 1885 par le chimiste autrichien C. Auer von Welsbach (1858-1929)

Source principale terrestre : sable monazite

Utilisation : rubis artificiels pour les lasers ; céramiques et verres spéciaux (filtres violet et infrarouge)
Origine : étoiles

Néon

Ne	Z = 10	m = 20 179
Isotopes stables	A = 20 A = 21 A = 22	90,92 % 0,26 % 8,82 %

Étymologie : du grec νεοσ (nouveau)
Découvert en 1898 par les chimistes anglais W. Ramsay (1852-1916 ; prix Nobel de Chimie en 1904) et M. Travers (1872-1961)
Source principale terrestre : l'atmosphère
Utilisation : éclairage électrique, enseignes lumineuses (rouge), tubes à haute tension, tubes de télévision, réfrigérant (sous forme liquide)
Origine : étoiles

Neptunium

Np	Z = 93	m = 237,0482
Isotope R.A.	A = 237	100 %

Étymologie : de la planète Neptune, prochaine planète après Uranus en s'éloignant du Soleil comme le neptunium suit l'uranium dans la classification périodique des éléments
Découvert en 1940 par les physiciens américains E. M. McMillan (1907-1991 ; prix Nobel de chimie en 1951 avec G. T. Seaborg) et P. H. Abelson
Élément artificiel dont on connaît 18 isotopes radioactifs ; l'isotope 237 a la plus longue durée de vie (2,14 millions d'années)

Utilisation : industrie nucléaire comme détecteur de neutrons
Origine : artificiel

Nickel

Ni	Z = 28	m = 58,71
Isotopes stables	A = 58 A = 60 A = 61 A = 62 A = 64	68,0769 % 26,2231 % 1,1399 % 3,6345 % 0,9256 %

Étymologie : de l'allemand kupfernickel (cuivre du diable)

Découvert en 1751 par le chimiste et minéralogiste suédois A. Cronstedt (1722-1765)

Source principale terrestre : millérite (combiné avec le soufre) et niccolite (combiné avec l'arsenic), gisements importants en Russie, en Australie, au Canada, en Nouvelle-Calédonie et en Indonésie

Utilisation : alliages résistants à la corrosion, alliages à faible taux de dilatation (comme l'invar), aciers inoxydables, pièces de monnaie, tubes en alliage cuivre-nickel dans les usines de désalinisation de l'eau de mer, protection d'autres métaux, catalyseur dans les réactions d'hydrogénation des huiles végétales, contacts électriques, batteries

Origine : étoiles

Niobium

Nb	Z = 41	m = 92,9064
Isotope stable	A = 93	100 %

Étymologie : de Niobé, fille de Tantale, roi mythique de Phrygie, pour marquer les analogies des propriétés du niobium avec celles du tantale ; il était préalablement dénommé columbium, en l'honneur de Christophe Colomb, jusqu'à ce que le nom de niobium soit officiellement accepté en 1949, mais le nom de columbium est encore en usage dans certains pays

Découvert en 1801 par le chimiste anglais C. Hatchett (1765-1847)

Source principale terrestre : columbite, columbite-tantalite (ou coltan), pyrochlore, euxenite ; principaux gisements au Brésil et au Canada

Utilisation : aciers inoxydables utilisés dans l'industrie nucléaire et l'aéronautique

Origine : étoiles

Nobélium

No	Z = 102	m = (259)
Isotope R.A.	A = 259	100 %

Étymologie : en hommage à l'industriel et chimiste suédois A. Nobel (1833-1896), fondateur du prix qui porte son nom

Découvert en 1958 par les physiciens américains G. T. Seaborg (1912-1999 ; prix Nobel de chimie en 1951 avec E. M. McMillan) et ses collaborateurs

Élément artificiel produit dans un accélérateur par bombardement de curium 246 par des ions de carbone 12 ; il a 7 isotopes radioactifs dont le 259 a la plus longue durée de vie (58 minutes)

Utilisation : aucune connue

Origine : artificiel

Or

Au	Z = 79	m = 196,9665
Isotope stable	A = 196	100 %

Étymologie : du latin aurum, d'où le symbole Au, dérivé du sanscrit hari, jaune

Découverte : connu depuis l'Antiquité

Source principale terrestre : on le trouve à l'état natif dans des filons de quartz, dans les schistes argileux et les alluvions provenant de la désagrégation de ces roches

Utilisation : bijouterie, orfèvrerie, horlogerie, monnaies, et comme réserve monétaire dans de nombreux pays, chirurgie dentaire, électronique, photographie, médecine (pour l'isotope radioactif 198), industrie spatiale

Origine : étoiles

Osmium

Os	Z = 76	m = 190,2
Isotopes stables	A = 184	0,02 %
	A = 186	1,59 %
	A = 187	1,96 %
	A = 188	13,24 %
	A = 189	16,15 %
	A = 190	26,26 %
	A = 192	40,78 %

Étymologie : du grec οσμη (odeur)

Découvert en 1803 par le chimiste anglais S. Tennant (1761-1815)

Source principale terrestre : dans les mêmes minerais que le platine

Utilisation : filaments de lampes à incandescence, pointes, pivots, alliages résistant à de hautes températures et à de fortes pressions

Origine : étoiles

Oxygène

O	Z = 8	m = 15,9994
Isotopes stables	A = 16 A = 17 A = 18	99,76 % 0,04 % 0,20 %

Étymologie : du grec οξυζ (acide) et γενναο (j'engendre)

Découverte : par les chimistes suédois C. W. Scheele (1742-1786) en 1771, anglais J. Priestley (1733-1804) en 1774 et français A. Lavoisier (1743-1794) en 1775

Source principale terrestre : l'atmosphère sous forme de dioxygène et de trioxygène ou ozone qui filtre les rayonnements ultraviolets solaires, l'eau, la silice

Utilisation : propulsion des missiles (sous forme liquide), sidérurgie, l'isotope 18 est utilisé pour déterminer la température à une époque donnée par l'étude de sa concentration dans les glaces

Origine : étoiles

Palladium

Pd	Z = 46	m = 106,42
Isotopes stables	A = 102 A = 104 A = 105 A = 106 A = 108 A = 110	1,02 % 11,14 % 22,33 % 27,33 % 26,46 % 11,72 %

Étymologie : de Pallas, l'astéroïde découvert en 1802, un an avant celle du palladium

Découvert en 1803 par le chimiste anglais W. Wollaston (1766-1828)

Source principale terrestre : les mêmes minerais que le platine
Utilisation : catalyseur dans les réactions d'hydrogénation et de déshydrogénation, joaillerie (l'or blanc est un alliage d'or et de palladium), chirurgie dentaire (couronnes), montres, instruments chirurgicaux, contacts électriques
Origine : étoiles

Phosphore

P	Z = 15	m = 30,97376
Isotope stable	A = 31	100 %

Étymologie : du grec φωσ (lumière) et φοροσ (porteur)
Découverte : identifié par Alchid Bechir (alchimiste arabe du XIVe siècle), sa découverte en 1669 est attribuée au médecin allemand H. Brand (1625-1692)
Source principale terrestre : phosphates
Utilisation : allumettes, pyrotechnie, alliages dans l'acier et le bronze, bombes incendiaires ; sous forme de phosphates comme engrais, pâtes dentifrices, additifs de stabilisants alimentaires
Origine : étoiles

Platine

Pt	Z = 78	m = 195,08
Isotopes stables	A = 190	0,01 %
	A = 192	0,79 %
	A = 194	32,90 %
	A = 195	33,80 %
	A = 196	25,30 %
	A = 198	7,20 %

Étymologie : de l'expression espagnole platino del pinto, signifiant menu argent du Rio Pinto, platino étant le diminutif de plata, argent

Découverte : l'officier espagnol A. de Ulloa (1716-1795) a trouvé ce métal en 1735, lors de l'expédition franco-espagnole envoyée au Pérou pour mesurer la longueur du méridien terrestre

Source principale terrestre : à l'état natif ainsi que dans des minerais de fer, de nickel et de cuivre ; principaux gisements en Afrique du Sud

Utilisation : joaillerie, récipients spéciaux résistant à de hautes températures, catalyseur dans la préparation de vitamines et d'antibiotiques, de parfums et d'arômes ainsi que dans l'industrie pétrolière, étalons de masse et de longueur

Origine : étoiles

Plomb

Pb	Z = 82	m = 207,2
Isotopes stables	A = 204 A = 206 A = 207 A = 208	1,4 % 24,1 % 22,1 % 52,4 %

Étymologie : du latin plumbum

Découverte : connu dans l'Antiquité ; les Babyloniens utilisaient des plaques de plomb pour graver des inscriptions et les Romains l'utilisaient comme écritoires, pour leur monnaie et les conduites d'eau

Source principale terrestre : galène, cérusite, massicot, litharge, minium

Utilisation : son utilisation pour les usages domestiques est abandonné car il est à l'origine du saturnisme ; accumulateurs, tuyaux, alliages pour la soudure ; employé comme additif antidétonant dans les carburants, il est responsable de la pollution atmosphérique et pour cette raison de moins en moins utilisé grâce à la mise au point de carburants sans plomb

Origine : étoiles

Plutonium

Pu	Z = 94	m = (244)
Isotope R.A.	A = 244	100 %

Étymologie : de Pluton ; comme Pluton est la prochaine planète après Neptune, le plutonium est l'élément qui suit le neptunium dans la classification périodique des éléments

Découvert en 1940 par les physiciens américains G. T. Seaborg (1912-1999 ; prix Nobel de chimie en 1951 avec E. M. McMillan), A. C. Wahl et J. W. Kennedy

Élément artificiel, ses 15 isotopes sont radioactifs, l'isotope 244 a la plus longue durée de vie (82 millions d'années)

Utilisation : combustible dans les réacteurs nucléaires ; la NASA utilise l'isotope 238 comme source d'énergie à bord des sondes spatiales explorant les planètes lointaines du système solaire (exemple New Horizons lancée le 17 janvier 2006)

Origine : artificiel

Polonium

Po	Z = 84	m = (209)
Isotope R.N.	A = 209	100 %

Étymologie : en hommage à la Pologne, pays natal de Marie Curie

Découvert en 1898 par les physiciens français Pierre Curie (1859-1906) et Marie Curie (née Sklodowska, 1867-1934) ; P. et M. Curie ont partagé le prix Nobel de physique avec H. Becquerel en 1903 et M. Curie obtint le prix Nobel de chimie en 1911

Source principale terrestre : minerais d'uranium, on connaît 27 isotopes radioactifs de nombre de masse compris entre

192 et 218, l'isotope 209 a la plus longue durée de vie (103 ans)

Utilisation : aucune connue

Origine : étoiles

Potassium

K	Z = 19	m = 39,10
Isotopes stables	A = 39 A = 40 A = 41	93,13 % 0,01 % 6,86 %

Étymologie : de l'allemand Pott, pot, et Asche, cendres ; le nom latin kalium, de l'arabe kali (plante aux cendres alcalines), a donné le symbole K

Découvert en 1807 par le chimiste anglais H. Davy (1778-1829)

Source principale terrestre : potasse ; l'isotope 40 est radioactif avec une très longue durée de vie de 1,28 milliard d'années, raison pour laquelle il est considéré ici comme stable ; l'énergie libérée par sa désintégration participe à l'échauffement du noyau terrestre

Utilisation : engrais sous forme de sels de potassium, cellules photoélectriques, fluide de refroidissement de piles atomiques

Origine : étoiles

Praséodyme

Pr	Z = 59	m = 140,9077
Isotope stable	A = 141	100 %

Étymologie : du grec πρασεοσ διδψμοσ, jumeau vert

Découvert en 1885 par le chimiste autrichien K. Auer von Welsbach (1858-1929)

Source principale terrestre : sable monazite comme le néodyme

Utilisation : avec le néodyme pour les verres de lunettes (filtres ultraviolets), alliages pour l'aéronautique (moteurs d'avion), colorants de céramiques, catalyseur dans l'industrie pétrolière, tubes cathodiques

Origine : étoiles

Prométhium

Pm	Z = 61	m = (145)
Isotope R.A.	A = 145	100 %

Étymologie : de Prométhée, titan de la mythologie grecque qui déroba le feu au ciel pour le donner aux hommes

Découvert en 1945 par les physiciens américains J. A. Marinski, L. Glendenin et C. D. Coryell

Élément artificiel avec 9 isotopes radioactifs dont l'isotope 145 a la plus longue durée de vie (17,7 ans)

Utilisation : cellules photoélectriques, source de chaleur auxiliaire dans les satellites

Origine : artificiel

Protactinium

Pa	Z = 91	m = 231,0359
Isotope R.N.	A = 231	100 %

Étymologie : du grec πρωτοζ, premier et ακτινοζ, rayon

Découvert en 1917 indépendamment par les chimistes allemands O. Hahn (1879-1968 ; prix Nobel de chimie en 1944) et L. Meitner (1878-1968) d'une part et les chimistes écossais F. Soddy (1877-1956) et J. Cranston d'autre part, suite aux travaux du chimiste polonais K. Fajans (1887-1975) en 1913

Élément radioactif, l'isotope 231 a une durée de vie de
32 500 ans
Utilisation : technique de datation
Origine : étoiles

Radium

Ra	Z = 88	m = 226,00254
Isotope R.N.	A = 226	100 %

Étymologie : du grec ραδιοσ, rayon
Découvert en 1898 par les physiciens français P. Curie (1859-
1906) et M. Curie (1867-1934), mais isolé seulement en 1910
par M. Curie et A.-L. Debierne (1874-1949) ; P. et M. Curie
partagèrent le prix Nobel de physique avec H. Becquerel en
1903 et M. Curie obtint le prix Nobel de chimie en 1911
Source principale terrestre : minerais d'uranium et de thorium (pechblende, autunite, carnotite, bétafite) ; on connaît
6 isotopes radioactifs parmi lesquels l'isotope 226 a la plus
longue durée de vie (1 600 ans)
Utilisation : médecine
Origine : étoiles

Radon

Rn	Z = 86	m = (222)
Isotope R.N.	A = 222	100 %

Étymologie : de radium, dont il dérive
Découvert en 1898 par P. Curie (1859-1906) et M. Curie
(1867-1934), suite à la découverte du radium et du polonium ; P. et M. Curie partagèrent le prix Nobel de physique
avec H. Becquerel en 1903 et M. Curie obtint le prix Nobel de
chimie en 1911

Source principale terrestre : les mêmes minerais d'uranium et de thorium que le radium ; on connaît 13 isotopes radio-actifs, parmi lesquels l'isotope 222 a la plus longue durée de vie (3,8 jours)
Utilisation : en médecine comme traceur
Origine : étoiles

Rhénium

Re	Z = 75	m = 186,2
Isotopes stables	A = 185 A = 187	37,07 % 62,93 %

Étymologie : de Rhenus, nom latin du Rhin, le minéral dans lequel il fut découvert provenant de la région rhénane
Découvert en 1925 par les chimistes allemands W. Noddack (1893-1960), I. Noddack-Tacke (1896-1978) et O. Berg (1873-1939)
Source principale terrestre : minerais gadolinite et molybdénite
Utilisation : thermo-couples Re-W, catalyseurs dans l'indus-trie pétrolière
Origine : étoiles

Rhodium

Rh	Z = 45	m = 102,9055
Isotope stable	A = 103	100 %

Étymologie : du grec ροδον, rose
Découvert en 1803 par le chimiste anglais W. Wollaston (1766-1828)
Source principale terrestre : même minerai que le platine
Utilisation : catalyseur, couples thermoélectriques, joaillerie
Origine : étoiles

Roentgenium

Rg	Z = 111	m = (272)
Isotope R.A.	A = 272	100 %

Étymologie : en l'honneur du physicien allemand W. Roentgen
(1845-1923) prix Nobel de physique en 1901, cette proposi-
tion n'est pas encore formellement adoptée
Découvert en 1994 par les physiciens allemands S. Hofmann,
V. Ninov, F. Hessberger, P. Armbruster, H. Folger,
G. Münzenberg, et leurs collaborateurs du GSI de Darmstadt
Élément artificiel radioactif ; on connaît 3 isotopes ; le 272 a
une durée de vie de 0,0015 seconde
Utilisation : aucune
Origine : artificiel

Rubidium

Rb	Z = 37	m = 85,46
Isotopes stables	A = 85 A = 87	72,15 % 27,85 %

Étymologie : du latin rubidus, rouge sombre
Découvert en 1861 par les chimistes allemands R. Bunsen
(1811-1899) et G. Kirchhoff (1824-1887)
Source principale terrestre : minerais dans lesquels on trouve
le lithium, pollucite, leucite, zinnwaldite, lepidolite
Utilisation : cellules photoélectriques, tubes à vide, verres
spéciaux, catalyseur
Origine : étoiles

Ruthénium

Ru	Z = 44	m = 101,07
Isotopes stables	A = 96 A = 98 A = 99 A = 100 A = 101 A = 102 A = 104	5,52 % 1,88 % 12,70 % 12,60 % 17,00 % 31,60 % 18,70 %

Étymologie : du latin Rhutenia, Russie

Découvert en 1844 par le chimiste russe K. Klaus (1796-1864)

Source principale terrestre : même minerai que le platine

Utilisation : catalyseur, contacts électriques, joaillerie

Origine : étoiles

Rutherfordium

Rf	Z = 104	m = (263)
Isotope R.A.	A = 263	100 %

Étymologie : en l'honneur du physicien britannique E. Rutherford (1971-1937)

Découverte : comme pour le dubnium, la découverte de l'élément 104 a été controversée entre l'équipe russe de G. N. Flerov du Joint Institute for Nuclear Research de Dubna et l'équipe américaine de A. Ghiorso à Berkeley. Les Russes annoncèrent la découverte de l'élément 104 en 1964 et proposèrent de le nommer kurchatovium et les Américains l'annoncèrent en 1969 et proposèrent le nom de rutherfordium. L'IUPAC, après lui avoir donné le nom provisoire d'unnilquadium, référence aux chiffres 1, 0 et 4 exprimés en latin, recommanda le nom de rutherfordium en 1997, avec le symbole Rf

Élément artificiel radioactif ; on connaît 14 isotopes parmi lesquels l'isotope 263 a la plus longue durée de vie (10 minutes)
Utilisation : aucune connue
Origine : artificiel

Samarium

Sm	Z = 62	m = 150,36
Isotopes stables	A = 144	3,07 %
	A = 147	14,99 %
	A = 148	11,24 %
	A = 149	13,82 %
	A = 150	7,38 %
	A = 152	26,75 %
	A = 154	22,75 %

Étymologie : de samarskite, nom donné au minerai en l'honneur de Samarski, chimiste russe
Découvert en 1879 par le chimiste français P. Lecoq de Boisbaudran (1838-1912)
Source principale terrestre : minerai samarskite, sable monazite dans lequel se trouvent d'autres terres rares
Utilisation : électronique, céramiques
Origine : étoiles

Scandium

Sc	Z = 21	m = 44,9559
Isotope stable	A = 45	100 %

Étymologie : du latin Scandia, Scandinavie
Découvert en 1879 par le chimiste norvégien L. Nilson (1840-1899)
Source principale terrestre : minerais de thortveitite, wiitite et minerais contenant l'étain et le tungstène

Utilisation : industrie aéronautique, lampes électriques

Origine : étoiles

Seaborgium

Sg	Z = 106	m = (266)
Isotope R.A.	A = 266	100 %

Étymologie : en l'honneur du physicien américain G. T. Seaborg (1912-1999), prix Nobel de chimie en 1951 avec E. M. McMillan

Découvert en 1974 par le physicien américain A. Ghiorso et son équipe

Élément artificiel radioactif : on connaît 9 isotopes ; le 266 a la plus longue durée de vie (21 secondes)

Utilisation : aucune

Origine : artificiel

Sélénium

Se	Z = 34	m = 78,96
Isotopes stables	A = 74	0,87 %
	A = 76	9,02 %
	A = 77	7,58 %
	A = 78	23,52 %
	A = 80	49,82 %
	A = 82	9,19 %

Étymologie : du grec σελήνη, devenu selenium en latin, la lune ; nom choisi pour marquer la similitude des propriétés du sélénium avec celle du tellure

Découvert en 1817 par le chimiste suédois J. Berzélius (1779-1848)

Source principale terrestre : pyrite

Utilisation : cellules photoélectriques, semi-conducteurs
Origine : étoiles

Silicium

Si	Z = 14	m = 28,086
Isotopes stables	A = 28 A = 29 A = 30	92,17 % 4,71 % 3,12 %

Étymologie : du latin silex, silicis : caillou
Découvert en 1823 par le chimiste suédois J. Berzélius (1779-1848)
Source principale terrestre : silice, silicates
Utilisation : électronique, détecteurs pour caméras de télévision, appareils photographiques numériques, instruments scientifiques, aciers spéciaux et alliages, matériaux réfractaires, silicones
Origine : étoiles

Sodium

Na	Z = 11	m = 22,9898
Isotope stable	A = 23	100 %

Étymologie : de l'arabe suwwad, soude ; le symbole Na vient du mot natron, le carbonate de sodium naturel d'Égypte
Découvert en 1807 par le chimiste anglais H. Davy (1778-1829)
Source principale terrestre : roches feldspathiques, eau de mer (qui contient en moyenne 32 g/l de chlorure de sodium), sel gemme
Utilisation : sous sa forme métallique il est utilisé dans les lampes, la préparation de certains métaux (plomb, titane),

comme agent d'échanges thermiques dans les piles atomiques à uranium ; sous sa forme de chlorure, il joue un rôle essentiel pour ses usages alimentaires : conservation des viandes et des poissons, assaisonnement des aliments et comme matière première dans l'industrie chimique
Origine : étoiles

Soufre

S	Z = 16	m = 32,06
Isotopes stables	A = 32 A = 33 A = 34 A = 36	95,02 % 0,75 % 4,21 % 0,02 %

Étymologie : du sanscrit sulvere, qui a donné sulfur en latin
Découverte : connu depuis l'Antiquité, identifié comme élément en 1770 par le chimiste français A. Lavoisier (1743-1794)
Source principale terrestre : sous forme de sulfure (pyrite), de sulfate (gypse), dans les gaz naturels contenant de l'hydrogène sulfuré, les pétroles bruts ; sous forme libre on le trouve dans le cinabre, la galène ; l'anhydride sulfureux produit par les carburants contenant du soufre s'associe à l'eau de l'atmosphère et provoque des pluies acides catastrophiques pour l'environnement
Utilisation : vulcanisation du caoutchouc, cellulose, asphaltes, engrais, insecticides, poudre à canon, pharmacie (laxatifs)
Origine : étoiles

Strontium

Sr	Z = 38	m = 87,62
Isotopes stables	A = 84 A = 86 A = 87 A = 88	0,55 % 9,75 % 6,96 % 82,74 %

Étymologie : de Strontian, site de la mine d'Écosse où fut découverte la strontiane

Découverte : la strontiane a été identifiée en 1790 par le médecin et chimiste irlandais A. Crawford (1748-1795), l'élément strontium isolé en 1808 par le chimiste anglais H. Davy (1778-1829)

Source principale terrestre : strontianite et célestite

Utilisation : pyrotechnie (couleur rouge), tubes de télévision, optique, médecine (pour ses isotopes radioactifs)

Origine : étoiles

Tantale

Ta	Z = 73	m = 180,9479
Isotopes stables	A = 180 A = 181	0,01 % 99,99 %

Étymologie : de Tantale, roi légendaire de Lydie et père de Niobé ; la parenté de Tantale et de Niobé illustre celle qui existe entre les deux éléments tantale et niobium

Découvert en 1802 par le chimiste suédois G. Ekeberg (1767-1813)

Source principale terrestre : tantale et niobium se trouvent dans les mêmes minerais : les tantalites et les microlites étant les plus riches en tantale

Utilisation : substitut économique du platine, le tantale est utilisé dans des alliages résistant à la corrosion et à l'usure, appareils chirurgicaux et dentaires

Origine : étoiles

Technétium

Tc	Z = 43	m = 98,9062
Isotope R.A.	A = 98	100 %

Étymologie : du grec τεχνητοζ, artificiel

Découvert en 1937 par les chimistes italiens C. Perrier (1886-1948) et E. Segré (1905-1989), prix Nobel de physique avec O. Chamberlain en 1959

Élément artificiel : c'est le premier élément préparé artificiellement ; on connaît 7 isotopes parmi lesquels l'isotope 98 a la plus longue durée de vie (4,2 millions d'années)

Utilisation : aucune

Origine : artificiel

Tellure

Te	Z = 52	m = 127,60
Isotopes stables	A = 120	0,09 %
	A = 122	2,55 %
	A = 123	0,89 %
	A = 124	4,74 %
	A = 125	7,07 %
	A = 126	18,84 %
	A = 128	31,74 %
	A = 130	34,08 %

Étymologie : de tellus, terre

Découvert en 1782 par le chimiste autrichien F. Müller von Reichenstein (1740-1836) et isolé en 1798 par le chimiste allemand M. Klaproth (1743-1817)

Source principale terrestre : résidus des minerais de plomb et de cuivre où on le trouve associé au sélénium

Utilisation : amélioration des propriétés mécaniques du cuivre, aciers inoxydables, semi-conducteurs, détecteurs infrarouges, appareils thermoélectriques, colorants pour verres et céramiques, industrie du caoutchouc, détonateurs

Origine : étoiles

Terbium

Tb	Z = 65	m = 158,9254
Isotope stable	A = 159	100 %

Étymologie : de Ytterby, ville de Suède

Découvert en 1843 par le chimiste suédois C. G. Mosander (1797-1856)

Source principale terrestre : cérite, gadolinite, monazite ; le terbium 159 est l'isotope naturel stable ; il y a 8 isotopes radioactifs de masse atomique comprise entre 153 et 161

Utilisation : lasers, tubes de télévision, physique du solide, alliages

Origine : étoiles

Thallium

Tl	Z = 81	m = 204,38
Isotopes stables	A = 203 A = 205	29,50 % 70,50 %

Étymologie : du grec θαλλοζ, rameau vert

Découvert en 1861 par le chimiste anglais W. Crookes (1832-1919) et en 1862 par le chimiste français C. Lamy (1820-1878)

Source principale terrestre : on le trouve associé aux minerais de potassium, dans la crookesite, l'hutchinsonite, la lorandite ; c'est aussi un sous-produit de la fabrication d'acide sulfurique à partir des pyrites ; il a 25 isotopes de masse atomique comprise entre 184 et 210, seuls les isotopes 203 et 205 sont stables

Utilisation : verres à fort indice de réfraction

Origine : étoiles

Thorium

Th	$Z = 90$	$m = 232{,}0381$
Isotope stable	$A = 232$	100 %

Étymologie : de Thor, divinité scandinave du tonnerre et de la pluie

Découvert en 1828 par le chimiste suédois J. Berzélius (1779-1848)

Source principale terrestre : le thorium est le constituant principal dans la thorite et la thorogummite (silicate), la thorianite (oxyde), mais la principale source de thorium est la monazite avec les gisements les plus importants en Inde et au Brésil ; l'isotope 232 considéré ici comme stable est en fait radioactif avec une durée de vie extrêmement longue de 14 milliards d'années ; l'énergie libérée par sa désintégration participe à l'échauffement du noyau terrestre

Utilisation : filaments de lampes à incandescence, amélioration des propriétés mécaniques et de la résistance à la corrosion d'alliages, constituant de four à haute température, alliages résistants à haute température, composant de lentilles pour appareils photographiques et pour instruments scientifiques, catalyseurs des réactions d'hydrogénation et de déshy-

drogénation, cellules photoélectriques, combustibles dans les réacteurs nucléaires
Origine : étoiles

Thulium

Tm	Z = 69	m = 168,9342
Isotope stable	A = 169	100 %

Étymologie : de Thulé, ancien nom de la Scandinavie
Découvert en 1879 par le chimiste suédois P. Cleve (1840-1905)
Source principale terrestre : gadolinite, euxénite, xénotime, monazite ; l'isotope 169 est le seul stable, les 7 autres isotopes de masse atomique comprise entre 165 et 172 sont radioactifs
Utilisation : appareils à rayons X, ferrites, alliages
Origine : étoiles

Titane

Ti	Z = 22	m = 47,88
Isotopes stables	A = 46	8,25 %
	A = 47	7,44 %
	A = 48	73,72 %
	A = 49	5,41 %
	A = 50	5,18 %

Étymologie : en référence aux titans de la mythologie
Découvert en 1887 par les chimistes norvégiens L. Nilson (1840-1899) et O. Petterson (1848-1941), à la suite des travaux du pasteur anglais W. Gregor (1762-1817) en 1791 et du chimiste allemand M. Klaproth (1743-1817) en 1795, ce dernier lui ayant attribué son appellation de titane
Source principale terrestre : rutile, ilménite, tourmaline

Utilisation : alliages métalliques, chirurgie (prothèses de hanche) ; sous forme d'oxyde le titane : entre dans la composition de pigment pour les peintures, comme constituant de céramiques et réfractaires, de revêtement de sols, de caoutchouc ; sous forme de carbure il entre dans la constitution d'outils coupants, d'abrasifs et de matériaux réfractaires

Origine : étoiles

Tungstène

W	Z = 74	m = 183,85
Isotopes stables	A = 180 A = 182 A = 183 A = 184 A = 186	0,13 % 26,31 % 14,28 % 30,64 % 28,64 %

Étymologie : de tung sten, pierre lourde, nom suédois d'un minerai dans lequel il fut trouvé ; son symbole, W, est l'initiale du nom allemand d'un autre minerai, le wolfram, dont il fut extrait par les frères d'Elhuyar

Découvert en 1783 par les chimistes espagnols J.-J. d'Elhuyar (1751-1796) et F. d'Elhuyar (1755-1833)

Source principale terrestre : wolfram, ou wolframite, et scheelite

Utilisation : résistances chauffantes pour les fours à haute température, filaments de lampe à incandescence, outils à coupe rapide, outils de mine, pièces anti-usure, alliages non ferreux, fils, électrodes, lubrifiants, catalyseurs, substances luminescentes

Origine : étoiles

Ununbium

Uub	Z = 112	m = (285)
Isotope R.A.	A = 285	100 %

Étymologie : du latin unus (un) et bis (deux) ; nom temporaire systématique donné par l'IUPAC
Découvert en 1996 par les physiciens allemands S. Hofmann, V. Ninov, F. Hessberger, P. Armbruster, H. Folger, G. Münzenberg, H. Schött et leurs collaborateurs du GSI de Darmstadt
Élément artificiel radioactif
Utilisation : aucune
Origine : artificiel

Ununtrium

Uut	Z = 113	m = (284)
Isotope R.A.	A = 284	100 %

Étymologie : du latin unus (un) et tri (trois) ; nom temporaire systématique donné par l'IUPAC
Découvert en 2004 conjointement par les physiciens russes du Joint Institute for Nuclear Research de Dubna et américains du Lawrence Livermore National Laboratory ; la découverte n'est pas encore confirmée
Élément artificiel radioactif ; il aurait 2 isotopes, le 284 ayant une durée de vie de 0,376 à 1,196 seconde
Utilisation : aucune
Origine : artificiel

Ununquadrium

Uuq	Z = 114	m = (289)
Isotopes R.A.	A = 289	100 %

Étymologie : du latin unus (un) et quadrus (quatre) ; nom temporaire systématique donné par l'IUPAC

Découvert en 1998 par le groupe de physiciens russes du Joint Institute for Nuclear Research de Dubna

Élément artificiel radioactif ; on connaît 5 isotopes ; le 289 a une durée de vie de 21 secondes

Utilisation : aucune

Origine : artificiel

Ununpentium

Uup	Z = 115	m = (288)
Isotopes R.A.	A = 288	100 %

Étymologie : du latin unus (un) et penta (cinq) ; nom temporaire systématique donné par l'IUPAC

Découvert en 2004 conjointement par les physiciens russes du Joint Institute for Nuclear Research de Dubna et américains du Lawrence Livermore National Laboratory

Élément artificiel radioactif ; on connaît 2 isotopes ; le 288 a une durée de vie de 0,0186 à 0,280 seconde

Utilisation : aucune

Origine : artificiel

Ununhexium

Uuh	Z = 116	m = (292)
Isotopes R.A.	A = 292	100 %

Étymologie : du latin *unus* (un) et *hexa* (six) ; nom temporaire systématique donné par l'IUPAC

Découvert en 2000 par le physicien russe Y. Oganessian et son équipe du Joint Institute for Nuclear Research de Dubna

Élément artificiel radioactif ; on connaît 2 isotopes ; le 292 a une durée de vie de 0,0525 seconde

Utilisation : aucune

Origine : artificiel

Uranium

U	Z = 92	m = 238,029
Isotopes R.N.	A = 234 A = 235 A = 238	0,01 % 0,72 % 99,27 %

Étymologie : de la planète Uranus

Découverte : le chimiste allemand M. Klaproth (1743-1817) découvrit l'oxyde d'uranium en 1789 ; c'est le chimiste français E.-M. Péligot (1811-1890) qui isola le métal en 1841 ; le physicien français H. Becquerel (1852-1908 ; prix Nobel de physique en 1903 avec P. et M. Curie) découvrit la radioactivité naturelle des sels d'uranium en 1896

Source principale terrestre : pechblende, carnotite ; on connaît 9 isotopes radioactifs, ceux dont la durée de vie est la plus longue sont les isotopes 235 (700 millions d'années) et 238 (4,5 milliards d'années) ; l'énergie libérée par leur désintégration participe à l'échauffement du noyau terrestre

Utilisation : pigment pour les verres, combustible des piles atomiques ; c'est l'isotope 235 qui est utilisé dans les bombes atomiques ; l'uranium appauvri, résidu de l'enrichissement de l'uranium en isotope 235, est utilisé dans la fabrication de munitions qui conservent la radioactivité de l'isotope 238 ; leur utilisation lors de conflits récents a donné lieu à la controverse du syndrome de la guerre du Golfe

Origine : étoiles

Vanadium

V	Z = 23	m = 50,9414
Isotopes stables	A = 50 A = 51	0,24 % 99,76 %

Étymologie : de Vanadis, déesse de la beauté dans la mythologie scandinave

Découvert en 1831 par les chimistes suédois N. Sefström (1787-1845) et allemand F. Wöhler (1800-1882), à la suite des travaux du minéralogiste mexicain A. M. del Rio (1765-1849) en 1801 ; le métal n'a été isolé qu'en 1867 par le chimiste anglais H. Roscoe (1833-1915)

Source principale terrestre : minerais de vanadinite, patronite, carnotite et bauxite

Utilisation : aciers spéciaux, aciers inoxydables (instruments chirurgicaux), céramiques

Origine : étoiles

Xénon

Xe	Z = 54	m = 131,29
Isotopes stables	A = 124	0,10 %
	A = 126	0,09 %
	A = 128	1,92 %
	A = 129	26,44 %
	A = 130	4,07 %
	A = 131	21,18 %
	A = 132	26,89 %
	A = 134	10,44 %
	A = 136	8,87 %

Étymologie : du grec ξενον, étrange

Découvert en 1898 par les chimistes anglais W. Ramsay (1852-1916) et M. Travers (1872-1961)

Source principale terrestre : l'atmosphère ; il est obtenu par distillation fractionnée de l'air liquide

Utilisation : lampes à incandescence, tubes électroniques, chambres à bulles, réacteurs nucléaires,

Origine : étoiles

Ytterbium

Yb	Z = 70	m = 173,04
Isotopes stables	A = 168	0,13 %
	A = 170	3,04 %
	A = 171	14,28 %
	A = 172	21,83 %
	A = 173	16,13 %
	A = 174	31,83 %
	A = 176	12,76 %

Étymologie : de Ytterby, village suédois où se trouve une mine riche en éléments rares et qui a donné son nom à plusieurs de ces éléments (erbium, terbium, yttrium)

Découvert en 1878 par le chimiste suisse J. Galissard de Marignac (1817-1894)

Source principale terrestre : xénotime, monazite, bastnaésite ; il a 7 isotopes stables et 5 isotopes radioactifs de masse atomique comprise entre 166 et 176

Utilisation : aciers spéciaux, appareils à rayons X utilisant un des isotopes radioactifs, lasers

Origine : étoiles

Yttrium

Y	Z = 39	m = 88,9059
Isotope stable	A = 89	100 %

Étymologie : de Ytterby, village suédois (comme l'erbium, le terbium et l'ytterbium)

Découvert en 1794 par le chimiste finlandais J. Gadolin (1760-1852) et confirmé en 1797 par le chimiste allemand G. Ekeberg (1767-1812), isolé comme yttria par le chimiste allemand F. Wöhler (1800-1882), puis séparé de l'erbium et du terbium en 1843 par le chimiste suédois C. G. Mosander (1797-1856)

Source principale terrestre : gadolinite, monazite, xénotime ; en plus de l'isotope 89 stable, il a 8 isotopes radioactifs de masse atomique comprise entre 85 et 93

Utilisation : tubes de télévision couleur, lasers, filtres microondes, diamants artificiels, alliages

Origine : étoiles

Zinc

Zn	Z = 30	m = 65,39
Isotopes stables	A = 64 A = 66 A = 67 A = 68 A = 70	48,63 % 27,90 % 4,10 % 18,75 % 0,62 %

Étymologie : vraisemblablement déformation de Zinn, mot allemand pour l'étain, le nom zinc a été donné par Paracelse (1493-1541)

Découverte : par le chimiste allemand A.-S. Margraff (1709-1792) en 1746

Source principale terrestre : calamine, smithsonite, blende

Utilisation : alliages de certains aciers et de l'aluminium, tuyaux

Origine : étoiles

Zirconium

Zr	Z = 40	m = 91,22
Isotopes stables	A = 90 A = 91 A = 92 A = 94 A = 96	51,46 % 11,23 % 17,11 % 17,40 % 2,80 %

Étymologie : du persan zargun ou jargon, devenu zarkun en arabe, déformé en zircon

Découverte : en 1789 le chimiste allemand M. Klaproth (1743-1817) obtint la zircone, terre contenant le zirconium et en 1824 le chimiste suéois J. Berzélius (1779-1848) isola le métal

Source principale terrestre : zircon, baddeleyite ; les principaux gisements sont en Australie, au Brésil, en Inde, en

Russie et aux États-Unis ; les roches lunaires ramenées par les missions Apollo sont plus riches en oxyde de zirconium que les roches terrestres

Utilisation : creusets de laboratoires, pompes et valves, pierres précieuses (zircon), verres et céramiques, industrie nucléaire

Origine : étoiles

Bibliographie

J. AUDOUZE et S. VAUCLAIR, *L'Astrophysique nucléaire*, Paris, PUF, coll. « Que sais-je ? », 4ᵉ édition mise à jour, 22ᵉ mille, 2003.

P. DEPOVERE, *La Classification périodique des éléments, la merveille fondamentale de l'Univers*, Bruxelles, De Boeck, 2ᵉ édition, 2002.

M. GELL-MANN, *Le Quark et le Jaguar, voyage au cœur du simple et du complexe*, Paris, Albin Michel, coll. « Sciences », 1995.

J. TALBOT, *Les Éléments chimiques et les hommes*, Paris, SIRPE, 1995.

En anglais :

P. W. ATKINS, *The Periodic Kingdom : A Journey into the Land of the Chemical Elements*, New York, Basic Books, coll. « Science Masters », 1995.

P. A. COX, *The Elements : Their Origin, Abundance, and Distribution*, Oxford, Oxford University Press, 1989.

« *Les Sciences au Moyen Âge* », *dossier* Pour la Science, *octobre-janvier 2003*.

« *Les molécules du bonheur* », *dossier* La Recherche, *hors série, août 2004*.

Sites d'informations générales sur la composition chimique de la matière :
www.lenntech.com
www.madsci.org

Remerciements

Je remercie mes amis et ma famille, Fabrice et Melanie, Sébastien, Céline et Manon, pour leur gaieté, leur enthousiasme et leur sens des valeurs humaines, si précieux dans un monde difficile. Je remercie tout particulièrement mon mari, Gérard Vauclair, qui a effectué les recherches qui ont permis de dresser le tableau général donné en annexe, mon ami Claude Conte qui a dessiné les figures avec beaucoup de gentillesse, et, bien sûr, mon ami Hubert Reeves qui m'a permis de faire revivre avec beaucoup de plaisir de lointains souvenirs partagés.

Table

CHAPITRE 1
Les alchimistes
des temps modernes

CHAPITRE 2
Descente
au fond de la matière

CHAPITRE 3
L'Univers en émergence

CHAPITRE 4

La mesure des éléments

CHAPITRE 5

La vallée de stabilité

CHAPITRE 6
Travail d'étoile

CHAPITRE 7
Astration

CHAPITRE 8
La chance d'un fruit mûr

L'Astrophysique nucléaire, avec Jean Audouze, PUF, coll. « Que sais-je ? », 1re éd. 1975, 4e éd., 25e mille, 2003.

La Chanson du Soleil. L'intimité de notre étoile dévoilée par ses vibrations, Albin Michel, 2002, prix du livre scientifique d'Orsay 2002.

La Symphonie des étoiles. L'humanité face au cosmos, Albin Michel, 1997, Alpha d'Or de l'Espace 1998, prix du Cercle d'Oc 1999.

Éléments de physique statistique. Hasard, organisation, évolution, Inter-Éditions, 1993.

L'Observatoire du pic du Midi de Bigorre, Loubatières, 1992.

An Introduction to Nuclear Astrophysics, avec Jean Audouze, Éditions Reidel, 1980.

Die Entsehung des Elemente, DVA Seminar, 1980.

Participation à des ouvrages collectifs :

Science et Foi, Centurion, 1993.

La Théorie de tout. La force originelle, Maisonneuve et Larose, 1999.

« Penser les réseaux », *L'Univers des réseaux, les réseaux de l'Univers*, Champ Vallon, 2001.

« Qu'est-ce qu'une étoile ? », *in* Yves Michaud (sld), *Qu'est-ce que l'Univers ?*, Odile Jacob, coll. « Université de tous les savoirs », volume 4, 2001, p. 340 à 353.

Sciences : représentation du monde et du pouvoir, GREP, coll. « Les Idées contemporaines », 2004.

Ouvrage proposé par Isabelle Delattre

N° d'édition : 7381-1861-Y
Dépôt légal : octobre 2006

Cet ouvrage a été transcodé et mis en pages
chez NORD COMPO (Villeneuve-d'Ascq)